现在，变现你的优势

[日] 本田健 著　马江平 译

北京时代华文书局

CONTENTS 目录

第二章 为什么做自己喜欢的事，人生就会发生巨变?

第三章 如何找到自己喜欢的事

第四章　怎样才能乘风破浪，抵达热爱的彼岸

第五章 拜师学艺实现梦想

第六章 如何兼顾金钱与喜欢的事?

现 在，

变 现 你 的 优 势

序 言

你每天都过得快乐吗？

还是会常常陷入失落呢？

或者说，你觉得人生无趣吗？

不管你处于哪一种状态，我想这本书都会对你有所帮助。

因为这本书所讲到的内容中，很可能隐藏着你尚未注意到的细节。

每个人都想“把喜欢的事当饭吃”。

但实际上每天都能活出自我，快意人生的人是极少数的。

那么这是为什么呢？

我觉得是因为“大家看待热爱之事的方法有失偏颇”。

没有钱就做不了喜欢的事；只有小孩和老人才有权利只做自己喜欢的事；没有天分就没法做热爱之事；趁年轻还是多吃点苦比较好。

就是因为这些所谓的“常识”，才使得只有很少一部分人真正把爱好融入了生活。

然而这个世界上仍然有人即使并非腰缠万贯也在做着自己热爱的事；仍然有人20多岁就把爱好当作自己的事业；仍然有人即便没有天分也每天沉浸在自己热爱的事物中乐此不疲。

有夜以继日埋首于学习或研究中的学生；有巧手持家乐在其中的家庭主妇（主夫）；有废寝忘食忙于工作规划的商人们；有为教书起早贪黑的老师；有出售自己最喜欢的进口小商品的店主；有默默无闻却坚持唱作的音乐人；还有镇上

那家最会讨客人欢心的餐厅老板。

放眼望去，这些看似普通却闪闪发光的人就在我们的身边。

只不过因为我们做着自己不感兴趣的事，就无法遇到这些因热爱而活的人，自然也就无法注意到他们的存在了。

因此而认为“没有人会按喜欢的方式活着”倒也不奇怪。这就和普通人很少见到亿万富翁是一个道理，因为普通人平时根本就接触不到亿万富翁。

亿万富翁的朋友们都和他们一样生活得很自由，这些人私下里会和气味相投的“同类人”一起聚会，而参加聚会的人里不会混有焦躁烦恼抱怨上司的工薪族。这就是“人以群分”的自然法则，大家的圈子都是不一样的。

通过本书，你可以清晰地了解到把喜欢的事当饭吃的人们是如何生活的？他们的生活状况又是什么样的？此外，本书的主题是谁都“可以选择过自己的理想人生”，内容也会顺着这一主题来推进。

书的第一章先比较了“一辈子做喜欢的事”与“一辈子做讨厌的事”的不同之处。

随着阅读的深入，现在没有做热爱之事的人可能会感觉不好受，但还请坚持着读下去。苦尽就会甘来。

第二章介绍了“把热爱当饭吃的人生之趣味”。

这对过着普通生活的人来说是很难了解到的。

第三章从各个角度分析了“发现热爱的方法”。

或许你还能由此回忆起 20 年前学生时代感受过的那种热血。回忆曾经所爱的过程，就好像是治疗失忆的康复训练。

或许你会在一瞬间猛地想起来也不一定。想起那时全心全意热爱着的事物和那时尚能去爱的自己。

第四章介绍了从“普通的人生”到“把喜欢的事当饭吃的人生”的转变过程。

将热爱融入生活的方式各不相同。只在周末享受这顿“美餐”也是一种方式。家庭主妇也可以通过这种方式“品尝美餐”。

但其中也有人正式开创事业并以此为生。这样的人，是不是从还在上班的时候开始就想要做些什么了呢？这一章我们就从精神及物质等多个方面来分析这个问题。

第五章讲到了“通过拜师学艺获得成功的方法”。

导师，就是教你人生为何的老师。不夸张地说，找到老师的时机与能否取得“真经”决定了一个人的人生。

若是选择过普通的人生，就遇不到优秀的老师。自己不积极去争取，导师是不会主动找上门的。

第六章阐述了“热爱即财富”这一观点。

把喜欢当饭吃的大部分人已经乐在其中了，就不那么在意金钱了。但随着自身技艺的增进，做自己喜欢的事也有可能受到财神的眷顾。

这一章看起来似乎稍显贪婪，但却是在传达“既能做喜欢的事又可以获得财富的方法”。

我写这本书是想解开人生中遇到的各种谜题。

随着阅读的深入，你就能理解迄今为止觉得不可思议的事，自己今后的人生方向也会自然而然地随之逐渐明晰。

想必这本书一定会让你的人生变得有趣。因为它会刺激到你人生的“地心”处。

很多人即使找到了自己热爱的事，也会在“我应该能行”和“我可能不行”这两种心态之间摇摆不定。

也许你会想“你是怎么看穿我的内心的？”

那是因为我也是经历了这一切才走到了今天。我曾常常一边想着“我想活出自己”，一边又因没有自信而暗自失落。我也曾以为只有极少数天赋异禀的人才能实现梦想。

有一段时期，我也开始放弃自己了，因此我特别理解有些人在经历了这种内心的挣扎后选择了放弃。我曾不止一次地有过“我为什么要出生呢？”“我活着也是得过且过”之类的想法。

自那之后，又过了好几年，我终于能够正视自己了。经历了种种曲折离奇的事情，现在的我每一天都沉浸在自己的爱好中，充实又快乐。这和过去的我有着天壤之别，现在我发自内心地觉得“活着真好！”

人生漫漫，生活方式也是各有不同。做着不喜欢的事度过也可以，围绕着喜欢的事度过也可以。

虽然说要把喜欢的事当饭吃，但也没必要马上就辞去工作。试着从当下开始，循序渐进地把更多时间花在热爱之事上。也许一开始只有 5 分钟而已，但时间会慢慢多起来的。

一旦你开始过上充满期待的生活，就没有人能再阻止你。只不过这颗种子现在还在你的身体中沉睡。我很是期待，之后你是否能感受、感应、感触到这颗种子的发芽。

那么，就让我们共同启程，向着“因热爱而活的世界”出发吧！

Chapter 1

第一章 喜欢的事，就要拿来当饭吃！

从迎接早晨的方式看人生

现在的你每天都在做自己喜欢的事吗？

如果不是，那你每天都在做些什么呢？

是不是为了生活，埋首于工作、家务或者学习……

若是之前的你鲜少能充分享受每一天，那么就从今天开始转变吧。

这并不是要你突然偏离现行轨道，而是给你现有的生活增添更多的乐趣。

这样一来，从今以后你发自内心感受快乐的时间也会随之增加吧。

本书的关注点在于你人生中最重要的事。

也就是“如何度过一天”这个简单而深刻的主题。

人生是累积，是每一天的重叠。

若是你的每一天都充满愉悦、期待与感激，那你的人生必将是精彩纷呈的。相反，若是你的每一天都心烦意乱、委曲求全，那你的人生该是多么悲惨呀。

本书的主题是“热爱着，活着”，正如序言所提到的那样，即使你不是比尔·盖茨和爱因斯坦，也可以通过简单的努力实现这一生活方式。

我在书中提出了“将热爱融入生活”的建议。

这样不仅能够充实日常，还关系到你的健康、家庭和圈子，将热爱融入生活与你生活的幸福程度也是息息相关的。

人做起热爱之事，就是幸福的。他们对自己和家人都会更加温柔。虽然没有相关统计，但这样的人会比过着普通生活的人拥有更多的朋友，难道不是吗？

“做着热爱之事度过每一天”对生活的幸福程度来说是至关重要的。

接下来，我会通过比较“在热爱中度过的人生”与“普通人生”，从多个角度来分析这一点。

说到这里，请允许我再提一个问题。

你每天都是怀着什么样的心情起床的呢？

每天早晨醒来之后，你最先想到的是愉快的事还是难过的事？

你的一天都是被哪种情绪填满的呢？

是不是每天早上随着天色渐亮自然醒来，满怀期待地开始新的一天呢？每天都会想“到早上啦，今天也要做很多快乐的事！”

早晨的你，是不是总会冒出许多令自己期待不已的想法呢？就好比“想做这个”“想干那个”“想见这个人”“想和 ta一起吃午饭”等等。

还是说，你的每一天都是由“按下贪睡按钮的生活”开始的——等到被闹钟吵醒，想着“好吵啊”，便伸手“啪”地按下闹钟，过 5 分钟再次重复这一动作，终于在按了 3 次之后郁闷地钻出被窝。

接着再以这样郁闷的心情，挤上人满为患的电车，一路摇晃到公司，眼前又是堆积成山的无聊工作。

上述这两种起床方式都是确实存在的。

如今这个世界，贫富差距不断扩大，但在我看来，“生活品质的差异”更值得关注。

就好比说，有人每天乐于家务、学习及工作等，但同一栋大楼里的邻人却整天无精打采，对工作充满抵触情绪。

即使是一家人，兄弟姐妹或夫妻之间的起床方式也是截然不同的。不同的人对人生的感悟也是不尽相同，这一点很有意思。

为什么呢？因为做自己喜欢的事是个人行为。

若是你选择了普通的生活方式，或许偶尔会有这样的感觉——“我为什么会要做这些？这样做有意义吗？”

但即便如此，人们也还是会强打起精神坚持下去。每天都为了应付上司和客户的无礼要求而兢兢业业。就像被扔进了洗衣机，忙得晕头转向，被折磨得狼狈不堪后再回到家，拖着疲惫不已的身躯瘫倒在床上，而明天又是一场轮回。

如此度日，谁不会觉得早晨起床充满痛苦呢？这不免会让人开始思考“我的人生究竟有什么意义啊？”

无法做热爱之事的 6 个理由

要是问起“你想以做喜欢的事为生吗？”几乎所有人都会回答“当然想了！”但说完之后总会再接一句“如果有钱的话……”或者“如果有时间的话……”

没有人会打算一辈子都不去做自己喜欢的事。但至于具体什么时候开始行动，就没有几个人能下定决心了。

说着“等孩子长大了”“等我退休了”“等我中彩票了”等借口，不就等于把做自己热爱的事当作一场空梦了吗?

你为何不断推迟行动时间?

是被什么耽误了吗?

“不去做喜欢的事”主要有 6 大理由。

接着就让我们来逐一了解一下吧。

①总觉得没有时间

有太多人会说："要是有时间我就能多做点喜欢的事了"或者"因为工作和家务忙得团团转，根本没有时间去做喜欢的事"。

这也是"不去做自己喜欢的事"和"不能做自己喜欢的事"的典型说辞。

但是，时间是挤出来的。我们之所以会陷入时间不够用的旋涡，是因为在每天的生活中，"必须要做的事"的优先级别过高了。当你完成一天的家务或者工作后，早已筋疲力尽了，能做的也只是在睡前抽一点点时间看看书，这样下来不身心俱疲才怪。

②不允许自己做

询问过很多人后我惊奇地发现，大多数人平时都不会做让自己感到愉悦的事。这些事因人而异、各有不同，小到散步、读书，大到出国旅行。

当我问他们："为什么不做自己喜欢的事呢？"好多人都会回答："不知怎么的，总觉得太奢侈了。"也就是说他们觉得做喜欢的事浪费钱，不能轻易去做。

也有人会回答："我还没到那个时候呢。"他们觉得二三十岁的年纪做自己喜欢的事还为时尚早，不等到四五十岁是不行的。可事实上五六十岁的人也会这么说。

你只不过是做自己最喜欢的事而已，到底还要等到多少岁啊？

③觉得"做喜欢的事没法养活自己"

好多人心里一边想着"好想做喜欢的事啊"，但另一边却又觉得"只做自己喜欢的事可怎么养活自己呢"。

为了生存，至少也要挣够最低限度的生活费。只要不是大富翁，一般都需要工作才能生存。然而越为挣钱奔波就越觉得生活不易，因此才会觉得去做一些自己不喜欢的事也无可厚非。

大多数人意识到时，他们已经从高中或大学毕业，在随便一家公司就职了。即便很讨厌这样一成不变的状态，但一考虑到生活，就不敢想辞职了。而且想必很多人都不怎么考虑生活之外的“杂事”吧。

其实不用辞去工作也可以做自己喜欢的事。只要周末有空就行，在仅有的一点点空闲时间就可以去享受。

“既然无论如何也无法将热爱发展成本职，就随它去吧！”如果产生了这样的想法，离热爱之事就会越来越远。就好像一旦放弃了走职业音乐人的道路，就会断然不再触摸琴键；一旦放弃了成为作家之路，就连篇小文章也不会再写了。

④认为“自己没有才能”

只要有天赋，不管是运动员、歌手还是画家，想做什么都可以。或者只要有了商业头脑，就能创立事业，获得成功。很多人都抱有诸如此类的想法，觉得反正自己没那个天赋，就只能做一个微不足道的打工族。

虽然自己说服自己："只要做个平凡的上班族、白领就好，一年能有一次出国旅行就心满意足了。"但内心却可能郁闷不已。

有这种想法的人打心底觉得能通过热爱之事养活自己的都是小部分天才，普通人是没办法做到的。

⑤没有钱就无法实现

因为没有钱而不能做喜欢的事，这样的人大有人在。总之，从头开始做事就需要花钱。不管是参加兴趣班，还是去温泉旅行，钱都是必不可少的。印象中能愉悦人心的事，比如重新装修房间、买喜欢的洋装或是买齐一整套画具等，全都标好了价格。

在更大型的计划上，譬如留学、创业、搬家等，都少不了要花钱。即使没钱，只要肯动脑筋，许多事也可以实现，但有很多人根本就不这么想。

⑥本来就不知热爱之事为何物

事实上，这才是最常见的理由。

如果你说：“我要是找到自己热爱的事业，我也能为其抛头颅洒热血……”，那就请你回忆一下小学时代的自己。你是不是也曾跟妈妈狡辩说：“我要是认真学，肯定能学好。”结果到最后也还是没有认真学。

有的人虽然想以喜欢的事为生，但其实根本不知道自己喜欢什么。结果就只是在咖啡馆发着呆，幻想着自己在夏威夷海滩上的样子。

若要问起你是否想找到喜欢的事，是否想追逐梦想，其实有很多人根本没那种决心。这就是现实。

一直做自己不喜欢的事，百害而无一益

上文粗略地分析了为什么有很多人不去做自己喜欢的

事。但还是有大部分人没有意识到生活中缺少热爱是多么可怕。

被让人讨厌的工作所牵绊，拼命学习不感兴趣的内容，会让人生变得痛苦乏味。你可能没有意识到这些。那么接下来，让我们来看看一直做自己不喜欢的事情会产生什么负面影响吧。

①每天都觉得不快乐、烦闷无聊

若不以自己热爱之事为生活的中心，人生自然会变得无趣。陷入这种模式的人终日虚度，能感受到的只有年龄的增长而已。

做着不喜欢的事，会衍生出更多令人不快的事。许多人的精神压力不断累积，令自己苦不堪言，心生厌恶。

在这一过程中，人们会冰封自己的内心。与此同时，渐渐地连愉快、喜悦的情绪也感受不到了。

力求安稳也未尝不可，但有时也会将生活与枯燥无味挂钩。

②无法善待自己和周围的人

人若是每天都做着不感兴趣的事，也就几乎谈不上有什么“人际关系”可言了。

整天在烦闷中度日，心就会变得荒芜。容易因为一点小事焦躁不安，还会经常跟家人挑刺，与周围人之间的鸿沟也会越来越大。

这样的人对自己也无法宽容以待，总会以苛责的眼光审视自己。如此一来，心灵的土地也会变得更加贫瘠，这就构成了一种恶性循环。

③成长与学习的进度变慢

一直做自己不喜欢的事，是永远也无法成长的。虽然你学到了坚忍的精神，却无法满怀期待地持续掌握新知识、新技能。

如果你做着喜欢的事，就会有不断学习新知识的意识，学习效率也要比普通的人高好几倍。但要是做着讨厌的事，就总是掌握不了知识，没法活跃脑筋。

例如，你是否记得，以前学习心爱的吉他时，就像是海绵吸水一般，很快就吸收了新的知识。

如果是被迫学习的东西，就完全学不进去。相信大家都有过一篇文章看一百遍也记不住的经历。

④没有财运

只要纠缠于讨厌的工作，钱就很难进你的口袋。

做喜欢的事，会越做越有热情，这自然会与收入挂钩。若是经商，也只会出售能让自己真正感到快乐和信任的东西，酒香不怕巷子深，自然会有识货的人慕名而来。

相反，如果销售的商品连自己都提不起兴趣或者不信任的话，又怎么会畅销呢。你对商品的态度自然会传达给买家。

⑤浪费金钱

如果不做自己喜欢的事，生活压力就会不断累积。

这样一来，人就需要发泄压力的出口。

这个出口不是购物就是旅行，要不然就是游戏中心或弹子机。等回过神来，已在不知不觉中陷入了月光族的状态。

⑥变得厌倦生活

一直烦于讨厌的工作，最后讨厌的不仅只有工作，还有那个做工作的自己。

我认为这是做令人生厌的工作带来的最大坏处。

若是一个人开始讨厌自己，就会抑郁，与亲朋好友的关系也不会和睦。喜欢自己的人自我意象会变好，反之，讨厌自己的人自我意象会变坏。

⑦看不到光明的未来

凑合着度日，就不会对未来抱有信心。这也是做不喜欢的事要付出的代价，是不经意间付出的代价。

心理学上有一个很有趣的观点，人做着喜欢的事，会愈发觉得未来充满精彩。

从公司的立场来看，公司更希望让员工对活出自我感到不安，这样员工就不会辞职而是专心于眼前的工作了。

但每天做着讨厌的事，人就会觉得生活没有惊喜，每天都是循规蹈矩的一天。这种感觉是对的。如果不改变自己的生活方式或是工作环境，这样的猜想就会变为现实。

⑧总觉得喘不过气

没有做热爱之事的人都有一个共通点，那就是不知怎么总觉得喘不过气。自己有时甚至不知道自己在做什么。因此这类人常常会发出“我是为什么而活”的疑问。

而做着热爱之事的人，即便觉得喘不过气，那也是因为太兴奋了喘不过气或者因深有感触而悸动。

想想你和你的工作投缘吗?

这一小节大致分析了一直做自己不喜欢的事会给你的人生带来怎样的危害。希望你能通过我所说的意识到这一点。

随着时间的推移，做自己不喜欢的事与做自己喜欢的事的人差距会越拉越大,这两种人生也会走上完全相反的道路。

若是做着自己最喜欢的事，人生会越来越有乐趣。若是做着自己讨厌的事，人生也会越来越痛苦。即使是同一份工作，根据你与工作的契合度，也会呈现出完全相反的结果。

人与工作的关系就像男女交往，也是论缘分的。“合”还是“不合”是最重要的。不论多少钱都买不来适合自己的工作。

至于合不合，只有自己知道。不要看一份工作好还是不好，而是看它与你合还是不合。

这一点，我想请各位家长或者小学老师从小就教给孩子们，但遗憾的是，不论是父母还是学校的老师，都很少有人过着充满期待的人生。与英语对话、电脑操作、舞蹈等新学科面临的状况一样，现在能教这门“学科”的老师基本上不存在。我很少见有人愿意积极迎合现在的工作，即便从头再来也要勇敢尝试。

迄今为止你有没有遇见过真正过着充满期待的生活的人？答案因人而异，也许几乎所有人都不曾记得自己遇见过。

“对失败的恐惧”阻碍着你享受快乐人生

对你来说，人生意味着什么？

“只要活着的时候尽量少犯错，就算成功了。”很多人都抱着这样的想法过活。

是的，这就是恐惧失败。

这种恐惧从选择上哪个初中或者高中的时候就开始了，对于大学、公司和另一半的选择也会产生影响。不少人挑选工作或伴侣的标准都是“看似有把握”。

人不做自己喜欢的事，大多是出于恐惧。

成功者几乎都不会畏惧失败。不仅如此，他们往往将失败看作是到达成功路上的“游戏关卡”。他们虽然会对失败感到不爽，但却不会觉得恐惧。可以说他们能从容地享受失败。

学校里的考试经验，是人们恐惧失败的原因？

为何人会那么恐惧失败呢？我认为这是个问题的源头来自于我们在学校的考试中体验过的失败。

选择题的四个选项中，只有一个正确答案。也就是说，选错的概率有 75%。

说点题外话，你玩过海盗木桶游戏吗？

这是一种刺激的游戏，每当用剑刺向小桶，都有可能会突然跳出个玩偶。小桶上有 50 个眼儿，但只有一个会触发机关，每次把玩具剑插进小桶，都能体验到惊吓与惊喜。

但是，学校的考试中失败率竟高达 75%，比游戏还要高。这就会令人产生一种还未尝试就已经失败了的感觉。这就仿佛在海盗木桶游戏中拿到剑后产生的那种“不论怎样都会输”的轻微挫败感。

大家在学校经历了上百次失败率高达 75% 的游戏。

这样没有压力才怪呢。

做喜欢的事，也能好好赚钱

一般来说，人们都会认为靠喜欢的事养活不了自己。

因此，很少有人想尝试靠做自己喜欢的事为生。

人们有这样的想法可能主要是一直以来耳濡目染的信息所带来的影响。

例如不知名的音乐人、演员以及不走运的搞笑艺人，他们就是靠热爱养活不了自己的典型。

若是顶尖艺人，其收入能以亿为单位计算。但许多拍戏的年轻人，都会在小饭馆兼职以维持生计。

你的脑海中也许浮现出了这样生活的朋友的身影。

人们通过媒体等渠道了解到无名艺人们的艰难处境后，就会愈发觉得只靠做自己喜欢的工作养活自己太难了。

另外“即使创业，也会很快失败”的固有印象也会在此之上再增加一层阻碍。从某一方面来看，事实也确实如此。

因而最终我们“确信”做自己喜欢的事就是冒险。

可是与这一常识相反，这个世界上有些人就可以通过热爱之事赚钱。他们并不是靠继承家产，而多是凭借自己的双手发家致富的。

那么通过做自己喜欢的事赚大钱的人是什么样的呢？

我们平时在电视上或杂志上看到成功人士，总能感受到巨大的阶级差距，觉得他们和自己有着天壤之别。那是因为只有那个级别的人才能上电视而已，我们应当关注的是小有所成的人，就是收入略高于普通工薪族的那群人。这样的人远比你想象中要多。相关内容我会详细地在第六章中做出说明。

特别是近十年随着网络的普及，做自己喜欢的事较之以前更为容易了。

在此之前，推销自己的商品或服务费时费力，而现在若能善用社交媒体，就能不费吹灰之力完成宣传。

在这个时代，想自我宣传，只要在网上发布内容就能有 500 甚至 1000 人次的阅读量。

说到“把喜欢的事当饭吃”，人们很容易理解为必须要做成大事，就像出 CD 要销量百万，开店要连锁店遍布全国等等，但实际上这样的想法是不对的。

有人把出于爱好做成的物件晒在脸书上，收获了许多赞，每月或者一年中的回头客高达 500 人甚至 1000 人，这样的人可以说是可以靠热爱而独立的成功人士了。

这本书的受众并不只是创业者。但若真想做自己喜欢的事，还是需要一定的赚钱技能的。在这个资本横行的时代，若是没有钱，做自己喜欢的事举步维艰。

这句话的意思并不是说没有钱就实现不了，而是没有钱实现起来会很困难。

你现在的生活方式是怎么养成的?

问自己这样一个问题“从早到晚，你是以怎样的心情度过的？”你有没有想过为什么会过着这样的生活呢?

我们在不知不觉间会受到周围人的各种影响。

通过与他们的接触交往，我们就会形成“人生就是如此”这一固定思维。有的人可能会排斥这样的生活方式，也有人可能会接受并走上同样的道路。

①你的父母

你生活方式的样本就是你的父母，不管那是不是出于你本意。

你父母的人生对你如何生活有着直接的影响。

你的父母幸福吗？

他们是做着热爱之事，享受人生的人吗？

还是为了生活而勉强自己做着讨厌的工作呢？

他们是为他人，为这个社会做贡献的人吗？

他们是有钱又会花钱的人吗？

还是总在金钱方面感到不安呢？

大部分人都会继承父母的价值观。反之，可能会走上与其父母完全相反的道路。

②你的祖父母

事实上，你的人生会被你意想不到的人所影响。

那就是你的祖父母。说到这，肯定有人会想："什么？我爷爷在我还是个婴儿的时候就过世了……"

确实，也许你甚至都没有见过你的爷爷奶奶。但他们的生活方式却深深地影响着你。

他们是如何看待金钱的？

又是不是享受着工作和生活呢？

那个当了一辈子家庭主妇的奶奶，喜不喜欢那种生活呢？

爷爷创业遭遇滑铁卢，那一定会对你的父亲造成很大影响。有可能这会给你父亲当时幼小的心灵留下创伤，以至于你父亲之后一切以平稳安全为先，选择做个公务员或银行职员。这可能会导致你反感父亲这种万事求稳的生活态度，进而蠢蠢欲动想要开创出自己的事业。我想人们对于金钱、事业、婚姻等的看法中，也有“隔代遗传”这一说。

③兄弟姐妹

你的兄弟姐妹都是怎样的人呢？

他们是选择过平凡的生活，还是选择以特别的方式过一生？

当你生病或者窝在家里时，或许你不知不觉间会对你的兄弟姐妹怀有歉意或者负罪感。

虽然想做自己喜欢的事，却会因这样的想法而对哥哥、姐姐、弟弟、妹妹感到“抱歉”。相反，当你的兄弟姐妹极其优秀的时候，你就很可能会产生“反正我也做不到”的自我意象。

不管怎么说，在你人生观的形成上，兄弟姐妹起到了极为重要的作用。

④朋友

回顾以往，从小学到现在，你的朋友都是什么样的呢？

他们看起来幸福吗？是坏心眼儿、焦躁不安的人吗？

他们是正直诚实还是说谎成性？

现在你身边朋友们的生活，是追求理想还是平淡无奇呢？

如果你身边的朋友终日焦虑，并不觉得人生有幸，那么当你想要以喜欢的事为生时就会因他们而产生顾虑。

如果你身边的人全都是做着自己热爱之事自由生活的人，那么你自然也会想过这样的生活。

⑤前辈、后辈

当你刚刚开始进入社团或参加工作时，你遇到的前辈都是什么样的人呢？

如果他们是出色的人，你自然会对长辈或上司怀着尊敬和感谢的心情。但如果你的前辈极其恶劣，那么你表现出的尊敬也只是装装样子而已。

前辈能够教给我们什么呢？

有可能你花钱的方式、与人交往的方式，都是你从学校社团的前辈们那里学来的。

你对于你的后辈来说也是如此。你与后辈相处得愉快吗？他们仰慕你、尊敬你吗？

如果答案是肯定的话，就说明你很擅长与比自己年龄小的人相处。

⑥生意对象、客人

你与工作层面来往的人关系如何呢?

如果你与他们的关系好，那你自然而然就会对生活充满安全感。但如果你在工作中遇到的人总是烦躁易怒的，那你也会受到他们的影响。

当你提出想做自己喜欢的事时，他们会拍手称好并支持你吗?

谁在决定你的人生?

这样看下来，你的人生是由谁来决定的啊?

当你毫无察觉时，你的择业、择偶方式等人生各个方面，就已经被之前提到的那些人影响了。

也许你会感到震惊，即使与父母分开生活，自己在做人生的重大选择时也会受到他们的影响。另外，或许你到现在都无法联想到，20多年前去世的爷爷年轻时失败的创业经历甚至也会妨碍到你的独立。

但是，父亲从小到大都在对你说的“莫鲁莽行事”，已经在你心灵深处埋下了种子。爱操心的母亲总是面带愁容唠叨着种种生活琐事，也限制了你现在的行为。你应该对这些有所了解了。

你可以自由选择生活方式

你选择怎样的生活方式都可以，谁都无法强迫你。但我们总是顾虑太多，迫于来自家人、伴侣的压力而无法活出自我。

但最终无论是你的父母、伴侣、孩子、朋友还是上司或者合作伙伴，都无法承担起让你幸福的责任。

除你以外，没有人能改写你的人生。

你想在哪个世界生活呢?

生活在“充满讨厌事物”的世界	生活在“充满热爱事物”的世界
·每天无精打采地过	·每天充满期待地过
·身体沉重又疲倦	·身体充满能量、电力十足
·注意力不集中，懒惰散漫	·能集中注意力学习知识与技能
·被身边人孤立	·获得身边人的支持
·觉得时间过得慢	·每天都很充实
·看不到未来的意义	·觉得未来充满光明
·无法按自己的想法生活	·运气也跟着变好

↓

你的选择，就是你的人生走向！

但是，总有人对你该如何生活发表意见。这些话听起来好像是为了你好，其实大部分内容都是普通到不能再普通的常识。他们只是从自己所拥有的常识与人生观出发，讲了些理所当然的事而已。

当然，选择一股脑地接受这些意见也是一种生活方式。

但真正想把喜欢的事当饭吃，就有必要想想自己是受谁的影响而选择了现在的人生的。

在构筑自己的人生观时，不知不觉就会混入自己本意之外的观念。“人生本就是受刑”“金钱是肮脏的”“人性本恶，不要相信别人的好意”等观念，很有可能就来自于你的爷爷奶奶。

在你不曾警觉时，这些观念就已经通过你的父母继承到你这里了。

再加上，你的人生观中还添加了社会常识。你若是想活出自我，就需要逐一核查这些项目是不是出于你本意。

那么，现在来到你真正人生的起点了，你准备好了吗？

Chapter 2

第二章

为什么做自己喜欢的事，人生就会发生巨变？

越是身处竞争激烈的时代，越要用力去热爱

受当今世界经济大波动的影响，有的企业不久前还是一流企业，转眼就开始一个接一个地裁员了。因此，在这样竞争激烈的时代，人人都会产生一种危机感。

可能有人会觉得“这种时候为什么还要冒险做自己喜欢的事呢”“在那之前得先吃饱饭啊”。

即使跳槽，人们也会重点考虑公司规模和稳定程度，再看看福利保障及未来发展。这样一来，是不是能做自己喜欢的事反而变得不那么重要了。这一点也体现在毕业生的就业方向上。

家庭主妇也是，退休职员也是，不管你是哪种社会身份都是一样，每天只关心眼前的事，根本想不到给自己的心灵放个假去丰富自己仅有一次的人生。

我有句话不得不告诉抱有这样想法的人。

比起像现在这样做着不喜欢的工作，做热爱之事会带给你更多好处。

事实上，比起勉强自己做不喜欢的事，把喜欢的事当饭吃的这类人才是不受时代衰荣所左右的。

我想你读完这一章就会明白我的意思。

这 6 个信号，正是你转变人生的好时机

迄今为止我都在调查靠热爱之事生活的人。以我的经验来看，人生发生巨变的时机都具有某种共通点。

类似当你做职员遭遇裁员、做生意遭遇利润锐减等时刻。此外，还有面临离婚、生病以及父母离世等重大变故的时刻。

因为出现了这些改变人生的时刻，我们的人生会发生很

大的变化。

不管你愿不愿意，这些都会带来变化。

是因这一转变而苦不堪言，还是化变故为能量继续向前，都是由你自己决定的。

接下来，让我们大致地看一看象征人生转变时机的信号都有哪些。

①遭遇裁员或生意不景气

现如今，产业结构调整全球化，大企业的商业模式开始崩塌。几年前还好用的经营方法已经不再适用于这个时代了。受这一浪潮的冲击，被裁员、减薪的人急剧增多。小公司的经营也未能幸免于难，营业额大幅减少，可谓人心惶惶。

但这也是改变人生的契机。现在做着热爱之事自由生活的人，很多都是在几年前遭遇裁员，陷入绝望深渊的人。有人本是为了保证收入来源才独自拼搏，结果却大获成功。

也有小公司原本揽接分包业务，由于订单量急剧下降而不得不开发新商品，结果新商品却成了热门商品，销售额连翻了好几倍。

②自己或家人生病

还有人因为自己或家人的身体原因而实现了转变。

有的人在自己生病后，深刻体会到了人生的珍贵，开始为自己而活。

也有家庭主妇由于丈夫生病住院而开始创业。

在以上这几种情况中，如果没有人生病就不存在新的开始了。

③破产、事故

遭遇经济危机或意外事故，是改变人生的典型悲剧桥段。

虽然在那之前会有很多预兆，但如果你无视掉了这些征兆还在横冲直撞，就很容易发生这样的情况。比如做了担保人后对方却失踪了，或者遇到交通事故等，都是发生转变的大好时机。

当然，也有人会因为这种悲剧性的遭遇而一蹶不振。你属于哪一种人，是由你自己决定的。

④完成了一项任务

一件大事的结束会成为人生改变的节点，比如参加工作的第十年、孩子从幼儿园升到了小学、退休、离婚等等。

因为当事物终结时，人生的能量会发生变化。

孩子成家立业虽然是件值得高兴的喜事，却也不免让人产生失落感，也会让人对人生即将到来的新变化感到不安。

这种时刻，该放手就放手，以你自己的节奏继续向前，人生就会发生巨变。

⑤人际关系的纠纷、男女关系的破裂

人际关系的纠纷、男女关系的破裂，都是重置人生的好机会。

人生的烦恼之最，就是人际关系与男女关系的问题。与健康、金钱并列，这几样都是人们烦恼的主要来源。

但是，若能以此为导火线从而改变人生，从长远的眼光来看，这绝不是什么坏事。

有人失恋后产生了“算了，我要彻底改变自己”的想法并以此为契机开始了真正属于自己的人生。

如果你也正苦于人际关系和男女关系的话，不如把它看作一个彻底改变人生的好时机吧。

⑥相遇

与优秀的人相遇也会改变人生。

见到真正活出自我的人，会让你感受到雷击般的震撼。因为与这样的人近距离接触，就会觉得“啊！原来真的可以自由生活啊！”

接触少见的生活方式可能的确会对人产生影响。

我在特别年轻的时候就遇到了做着热爱之事自由生活的人，这样的经历对我来说是无价之宝。遇见可以作为灵感之泉的人，会令你在一段时间内都保持兴奋期待的状态。

现在，即使我有很多机会与我毕生事业领域内的顶级专家交谈，但我发现每次谈话都能激发出我的好奇与热情。

看完这 6 个转变人生的信号，你感觉如何？

是否感到“不好……开始有些心动了”？

那么接着我们来看看做喜欢的事是怎样完美地改变你的人生的。

热爱给人生带来的 5 个好处

第一章首先分析了你现在的处境。接着又阐述了人“一直做自己不喜欢的事，百害而无一益”的理由。

本章我想分析一下“做自己喜欢的事，人生也会变有趣”这个规律。

做热爱之事的时候，还会带来各种各样的好事。

我在 20 岁的时候就有人教会了我这件事，实属幸运。但大多数人还不知道以自己喜欢的事为生的生活有多么精彩，就这样潦草地走完了一生。我觉得这是最遗憾的。

我想到自己在面临人生的转折点时，曾有数十位贵人在当时给予我指引。

作为回报，这次由我来做通往快乐人生之路的向导，向大家介绍“做热爱之事的人生的有趣之处”。

①内心的安稳

第一章开头所讲，做自己喜欢的事的人，起床方式和其他人大不相同。

这种“内心的安稳”是对做热爱之事的奖励。因为做自己喜欢的事对当事人和其他人都是最有利的。

做热爱之事的人，不会同别人竞争、比较或争执。因为他们不太在意周围人的评价，所以内心会变得安稳祥和。

②健康的人际关系

做自己喜欢的事，会接连不断地遇到好人。

因为在热爱中生活的人充满了强烈的好奇心，所以不管遇到什么样的人，都会对其人生产生兴趣。因为他们专注于喜欢的事，就会忘记与他人竞争，也不会特意想要比个高下。

而且他们可以和各种职业、各种年龄的人都处好关系。

人若是乐于生活，就有许多人接近你。你的人际关系网会因此进一步扩大，人生也会更有乐趣。

③活的踏实有热情

做自己喜欢的事，可以让你领悟到做自己讨厌的事时无法体会的热血地活着的感觉。

做热爱之事的人每天都处于“生活充满期待感”的状态中。稳定的期待感与暂时亢奋下的那种热血型期待感是不一样的。这是一种绝不会衰退，从心底燃起来的热情之火。

这种期待感关系到憧憬未来并计划向现有目标迈进的十足干劲。最后，自己所做的事流传开来，甚至连周围人都受你影响而改变了。

④变得健康

做喜欢的事不仅会带来最先提到的内心安稳，对身体也有很好的影响。

很少有人因为做喜欢的事而过劳猝死。相反，做不喜欢的事早晚会对身心造成负担。

每天在愉快中度过，感冒概率都会减小，就算感冒了，很多时候都能在工作中快速康复。实际上，有数据显示人在做自己喜欢的事时免疫力也会提高。

⑤经济情况变好

做热爱之事并乐于与他人分享，这样的人是不可能一直贫穷下去的。

这是因为在你利用自己的才能帮助他人后，会有很多人向你表达谢意。

充满期待地做自己认为有趣的事，你会倾注许多心力，也会自然而然地萌生出对顾客的奉献情绪，想令对方感到快乐。

不断地给交际的对象带来惊喜，用心去取悦对方，经济上自然也会变得富裕。

想必“做热爱之事”与“经济富裕”的关系是大家最感兴趣的地方，所以我会在之后的内容中做出更详细的说明。

从 7 个方面了解你的热爱

在你急于开始寻找“热爱”之前，我们先从各个角度来分析你究竟热爱的是什么吧。

通过梳理做着热爱之事的人们的共通点，你也许会发现自己热爱的“可能是这个吧”。

①仅仅去做就会快乐

就是类似于“只是做饭就很开心”“在人前发言很兴奋”“说起电影就停不下来”这样的事。

这与挣钱或者逗别人开心没有什么关系。只是单纯地做这件事就能让你开心不已，这就是热爱。

只要做这件事就能让你感到情绪高涨、能量飙升。

从你喜欢的事物中会不断衍生出灵感。比如，不只是对做菜，就连对吃都能涌现出许多想法。

②让身边的人感到快乐和幸福

不是只有做热爱之事的人会快乐，身边的人也会自然而然地感到愉悦。

看着你的人也会为你感到高兴，替你感到幸福。面带微笑唱歌的人，能让听歌的人感受到幸福。

还有笑嘻嘻地做拉面的大叔，花店一脸陶醉地包装鲜花的女孩，都是最好的例子。

③自然而然就会去做

我有一位朋友是日本赫赫有名的演说家。他的工作就是在人前演讲，而私下里他也最爱与人交流。我和他一起旅行的时候，每次我从洗手间出来，都能看到他在大厅与其他人亲切交谈。我以为可能是恰好碰到熟人了，一问才知道是刚刚才遇见的人。但旁人看来那氛围就像是交往十多年的老友在交谈一样。对他而言，与人交流就是最有意思的事了吧。

看书、打扫、做菜或者介绍别人认识，每个人都会有这样无意间就做了的事。那么这件事就是你热爱的事。

④即使再活一次也还想做

即使再活一次也想当老师的人，一定是因为无法戒掉对教学的热爱。想着来生还要开面包店、当医生的人，都是从心底热爱自己工作的人。

他们的共通点是都会有“做这件事太快乐了，做一辈子都不够”的感觉。

⑤即使花钱也想做

在热爱之事方面成功的人，都是不惜花钱也要这么做的人。要是换作不喜欢的工作，是绝对不想为其花钱的。

就好比，若是一个推销员特别喜欢自己售卖的商品，即使自己花钱也想请别人来用自己的商品，那么他总有一天会登上业绩王的宝座。

因为这种热爱会传达给对方，一个顾客再介绍新的顾客，最后大家都会成为他的“粉丝”。

⑥总会被周围人盛赞，建议“多去做做看”的事

你有没有过这样的经历，为来家里玩的朋友亲手做了点心而大受好评。

有没有过随手画的图或者一时兴起写的文章，被别人看到后盛赞道“太棒了，不如往专业方向发展吧”！

或许你还没有注意到，这很有可能就是你真正热爱的事。它已经成为你生活的一部分，只是因为太过理所应当，所以你并没有察觉到而已。

即使不马上以此为本职工作也可以。回想一下别人夸奖你的方面，就会有意想不到的提示。

⑦只要有一点时间就会去做

我曾与将棋大师羽生善治有过一次交流，他提到自己只要有时间就会看棋谱。要说歇口气的时候会做些什么，那就是下下国际象棋。他就是这么喜欢棋类游戏。

对你来说，只要得空就会去做的事是什么呢？

如果你想到了答案，那么这个答案就是你最热爱的事。

“热爱”的假象

当问起“你最喜欢的事是什么？”,很多人会说“泡澡”“睡觉”等等。于是周围的人也会笑着附和说“是啊，是啊”。

但这些事只是为了放松，并不是你终日想做的事。这些只能说是我们在完成某项任务后犒劳自己的奖励或摆脱疲劳的活动。

热爱的事是指一年365天，整天做都不会腻的事。365天整日泡在浴缸里的人不多见吧。

同样的回答还有“玩游戏”“看漫画”等等，不过这些的确是有些人最喜欢的事。虽然有以此为兴趣或以此为职业之分，但这确确实实是有些人最热爱的事。

之后会再细讲，但有人会更喜欢把这类活动当作兴趣爱好而并非工作，至于如何去对应，就要靠自己的感觉去判断了。

何时才能遇见“最爱”？

总有人问我“什么时候才能遇到自己热爱的事啊？”

我不是占卜师，自然无法回答这个问题，但我很理解人们提出这个问题的心情。

这就像找男女朋友一样，似乎总感觉自己“是不是永远也遇不到了？”

但这只是还没遇到而已，并不是永远也遇不到了。

我访问过不少把自己喜欢的事当工作的人，发现小时候就找到终生事业的人其实是极少数的。

大部分人都是在步入社会后，于不经意间与毕生挚爱相遇的。

毕生的事业并不是一场越早找到就越好的游戏。也有人兜兜转转许多回，才在最后收获了成功。

肯德基创始人山德士上校，推出他最爱的炸鸡配方而大获好评时，已年近七十。

做自己最喜欢的事，什么时候开始都不晚。

前几天我的演讲结束后，有位80多岁的老人笑着对我说“从现在开始我也要把喜欢的事当饭吃！”我还记得当时他的笑脸深深地感动了我。

即使五六十岁开始也绝对不算晚。因为不管你现在多少岁，今天都是你今后人生中最年轻的一天。

我认为不用立马辞掉工作，一点点慢慢开始的模式也不错。

消除“我不能做喜欢的事”的束缚

普通人做不了喜欢的事，有一个很大的原因就是没有想过自己可以靠喜欢的事为生。

这也许是日本人的特性。日本人从小所接受的教育就是“不能只考虑自己”或者“不能给别人添麻烦”。在此之上，“工作是很严肃的”“靠喜欢的事吃不上饭”等观念已经根深蒂固了。

只要人们的职业观和人生观中还存在“做喜欢的事 = 不负责任”这种“常识”，那么即使你决定“做自己喜欢的事”，即使你想找到自己最喜欢的事，也是无法成功的。

从推倒一块小小的多米诺骨牌开始，骨牌会一块接一块倒向越来越大的骨牌，最后甚至可以推倒床垫那么大的牌。

所以，你最先应该推倒的多米诺骨牌也许是“我不能做喜欢的事”带给你的限制。这从某种意义上来看或许是最具风险的。

想象一下若是做自己喜欢的事，人生会变成什么样子呢？这是为推倒第一块多米诺骨牌采取的最重要的行动。

把喜欢的事当饭吃，你不需要的东西

做喜欢的事，除了不需要勇气，还有一些东西也是没必要的，正好趁这个机会大概来了解一下，或许你会因此发现自己原来对把喜欢的事当饭吃的生活方式存在着误解。

①才能

有人会说自己“没有天赋所以做不了喜欢的事”。我想读这本书的人里也有很多人抱有这样的想法。

以我的经历来看，我认为“才能也是可以在过程中培养的，所以一开始没有也没关系”。

才能是可以在认认真真的埋头苦干中练就的。

当然，足球、棒球等体育运动或者歌手等一部分职业需要与生俱来的才能。

但有很多人比现在成功的明星运动员更有天赋也没能成功，这是因为造成差距的关键在于“是否坚持”。

喜欢的事连续做几年、几十年，就会拥有才能。反过来说，长时间没有主心骨，做什么也坚持不下来，这样是成不了事的。

②时间

很多人都会说“别说寻找和投身于自己喜欢的事了，我连想的时间都没有”。因为他们认为有时间就能做喜欢的事了。

这种类型的人，就算退休了仍旧无所事事。那是因为他们即使有空闲时间也没有想做的事。

感觉时间不够用的人，很多都没有把时间花在真正有价值的事上。很多时候都是因为他们不擅长排列事物的轻重缓急，而在不知不觉间就被工作和要务侵占了时间。

③金钱

有人会说“我没钱支撑自己去做喜欢的事”。他们坚信没钱就什么也做不了。

虽然有钱会很方便，但没有钱也能做喜欢的事。现在靠做热爱之事而取得成功的人中，很多都是身无分文白手起家的，由此可见金钱并不是必备项。

反之，一开始若资金太过富裕，风险企业很容易因大意而失败。没有钱，人会更富创造性。

④干劲

很多人都深信“因为自己没干劲，所以做不了喜欢的事”。

他们都觉得自己是没有常性的人。

然而这是对自己的极大误解。因为当人遇到真正喜欢的事，由心底迸发出的热爱是抑制不住的。

这不是一时的干劲，而是从内心深处喷涌而出的力量。

如果你觉得自己没有耐心，那是因为你还没有遇到自己真正感兴趣的事。

靠自己热爱之事取得成功的人，无一例外都是强大而热血的。那是因为他们能够很好地利用自己内心涌出的激情。

去热爱，不需要“勇气”

人不做自己喜欢的事,很容易就会感觉自己什么都没有。

但以我的访问经历来看，成功并不需要金钱、才能、时间或者干劲的加持。

我这么说肯定有很多人会想“即使不需要这些，也总有一样东西是必不可缺的吧”。

那就是“勇气”。有相当多的人都认为没有勇气就做不了喜欢的事。总觉得想要改变人生，勇气是极其重要的因素。

如果你现在辞职创业，说起必需品，肯定是会列举出金钱、时间、干劲或者勇气这几样吧。

但当我见过越来越多成功者后，我开始对此产生怀疑。

我觉得“勇气”是个很魔性的词，许多人在做自己喜欢的事时，故意用“勇气”给自己使了绊子。

有的人一门心思地认为“缺乏勇气的自己难以成事”，所以觉得不改变现状也挺好。

若是勇气过剩也很容易剑走偏锋，因此我觉得“勇气”也并不是必不可少的。

对于“要成功”“要当大老板”或者“要当大明星”的人来说，或许需要一定的勇气。

不过，如果有幸收获刚刚好的成功，那我觉得勇气反倒碍事。因为大部分情况下并不需要冒那么大的风险。

当你想着“做些喜欢的事”，比如去钓鱼、打高尔夫或者出国旅行，有时候会有必须要早晨 5 点起床的情况，这种时候你需要鼓足勇气在 5 点起床吗？当然不需要。

或者说，在观看喜欢的录像或者 DVD 时，突然想喝口茶。

这种时候立刻起身需要鼓起勇气吗？需要鼓足干劲吗？需要动力吗？

一定是想喝茶了就自然会站起身来了吧。

如果你“想喝茶”或“想见某人”，自然就会起身行动。这种时候是不需要勇气的。

把喜欢的事当饭吃，你需要“好奇心”

看到这里，你应该已经试想过自己未来的样子了吧，“如果做自己喜欢的事，未来会是什么样呢？”

这就好像让你“不要想象白雪封顶的富士山”一样，当听到这句话时脑海中就已经浮现出那片景色了吧。

我虽然说了做喜欢的事没有什么是必须条件，但有一样东西必不可少。

那就是“好奇心”。

最重要的就是对自己怀有好奇心。好奇“真正活出自我的自己会是什么样的”。

对世间万物都感兴趣的人，内心是柔软的。这样的人很愿意认识别人。在好奇心的驱使下，他们不断追逐自己想做的事，最终在自己的选择项中收获结果。

人在情绪低落时是没有好奇心的。

如果你明明小时候怀有旺盛的好奇心，现在却对什么都提不起兴趣，那就先从改变自己的心境开始做起吧。

Chapter 3

第三章

如何找到自己喜欢的事

热爱早已融入你的血液

对于不太清楚自己喜欢什么的人，我有个秘密想要告诉你们。

那就是……

其实你早就知道自己最喜欢什么啦！

事实上，你早已知道自己最喜欢的事是什么了。只不过装作不知道而已。

“不，我可没假装！”也许有人会强烈否认。这样的人，我迄今为止已经见过几百个了。就连我自己也是如此，所以我很理解大家。

但还请大家冷静地听我说完下面的话。

不管程度如何，你总是很清楚地知道自己讨厌什么。

难道不是吗？

即使不知道自己喜欢什么，也总该知道自己不喜欢什么吧！

这也是理所应当的，毕竟是自己的事。没有人能比你更清楚自己什么时候感觉喜悦、开心和愉快了。

不过这里也存在盲点，这种时候只需要一面镜子就好。现在我就把镜子的使用方法教给大家。

你的密友都对什么感兴趣呢？

与你趣味相投或想法相近的人自然会被你吸引而来。要是你的朋友们都喜欢看书，那你可能也喜欢看书。大家都是电影迷，那你多半也是。大家都是登山族，那你很有可能也喜欢登山。

还有一个能从朋友处得到帮助的方法。

你可以去周围打听打听，你做什么的时候看起来最开心。

20 年前有人告诉了我这个方法，我得知后很快就去试了！当时我抓着朋友问了个清楚并从他们那里得到了令我震惊不已的答案。

朋友对我说："你不是喜欢看书吗？"

我一直都觉得喜欢看书的人多多少少都有点问题，大都心理阴暗又不善交际，没想到我自己竟然出现在了这个分组里。虽然当时有些抵触情绪，但想来自己确实走到哪都带着本书，与人聊天的话题也多是最近在读的书……

完了！可能我真的喜欢书？！

跟另一个朋友说起这件事，他说："我早就知道你爱看书啊，毕竟学生时代你的公寓里的书都摆满一整面墙了！"

确实如此。那个瞬间，我被“我喜欢书”这个事实深深震撼了。

至于后来我想以与书本相关的工作为生，是自那之后又过了十年的事了，现在想起来，那是我人生的一个分水岭。

强化内在接收器

当局者迷，旁观者清。

最喜欢的事，就像是伙伴关系。为什么呢？因为跟“喜欢”和“讨厌”的情感有关。

找到了毕生事业的人，也能在人生中找到爱。反之，找不到爱的人，极有可能终其一生都找不到自己所喜欢的事，就这样度过枯燥乏味的一生。

这是因为内心虚弱。

更准确地说，这样的人很难感受到“好有趣”“好开心”或者“好喜欢”这样的情绪。

你最近一次真心感觉“好有趣”是什么时候的事呢？

那时候你正在做什么呢？

回想那些时刻，会清晰地认识到自己曾经的情绪，比如“啊！那个时候可真开心啊”或者“当时真是充满痛苦和悲伤”等等。这一回想的过程也可以说是心灵的康复训练。

在这个“康复”过程中，心会渐渐充满能量，也会自然地孕育出对万事万物的好奇心。

你在做的事情，绝不是白费功夫

我想告诉你，在找到自己喜欢的事之前，你现在所做的一切都不是无用功。

对现在的工作怀有不满的人或许会想："讨厌现在做的事，不想做这些没用的了！"

但对人生来说，没有任何一件事是无用的。

当把热爱当成生活后，你就会明白一直以来自认为做过的无用功，最后全都变成了帮助你成长的养料。

现在活跃在一线的人们也有默默累积的时期。正因为这样的积累，才能培养出现有的才能。

就好像活跃的演员或歌手，都曾有出过好几张专辑或者打过工的经历。

有的人曾是公司职员，后来成为作家，他们把在工作时期遇到的各类人物，比如讨人厌的上司，作为漫画或小说的段子编进了书里。那段看似黑暗的工薪生活，日后回顾起来，对创作取材而言可以说是极为重要的一环。只不过是先取材再创作罢了。

不只是作家，开店或经营公司也是一样。

当你遇到讨厌的上司后，第一次学到了人际关系的复杂。在遇到优秀的人之前，你就无法体会那种难得和愉悦。没有当过工薪族的人也无法理解得到和得不到奖金带来的情绪波动有多大。

从这个层面来看，你所做的一切都是有意义的。

因此，乐在“当下”这一感受能力越来越重要了。

就是你虽然不知道现在做的事如何起作用，但难得做了就乐在其中的感受能力，这其实是最快找到热爱之事的方法。

怎样才能找到自己热爱之事

那么，人在什么情况下才能找到自己热爱之事呢？在迄今为止对很多人的采访中，我明白了一些道理。

①在童年相遇

这部分适用于小部分天才或早熟型的人。就是小学时得了将棋冠军等，而后旨在摘得更高桂冠的那种类型。

他们从小就显现出非比寻常的才能并由此获得了成功。

电视上出现的小小天才少男、少女，指的就是这类人。

还有一些孩子看到父母的工作后，自己将来也想干同样的工作，这种早熟型的小孩也属于这个范畴。

②通过书本、杂志或电视节目找到

很多人会在看书、杂志或者电视特别节目等的时候冒出“我想做这个工作”的念头。

像夏威夷的全身美容师、北海道牧场的芝士手艺人这样的职业，不通过电视或杂志是无从知晓的。

不过也有人偶然间在特别节目上看到有意思的事，就仿佛天降灵感一般，觉得“啊，我决定以后就做这个工作了！”

普通人很少有机会了解各种各样的职业。一般除了父母或亲戚的职业外，就很难想象出其他职业了。

但是翻看电话黄页时，就会发现各种各样的职业。几天前我在无意间翻看房间里的电话黄页时，发现有许多职业乍一看都不知道是做什么的。

③通过别人的介绍

还有一种情况是通过别人的介绍找到了自己的毕生事业。

一切开始于有人拜托你“能帮我做这件事吗？”或者介绍工作给你。

这种类型就是最初你会想“我没做过肯定做不了！”但真正做起来却完成得极为流畅。不仅如此，大家还都夸你做得好。以此为契机，兼职变成了全职。

这种情况虽极具偶然性，却时有耳闻。

通常这会让人感到命运使然、难以左右，但对于寻求“热爱”的人来说，相遇的概率自然也会更大。

④直觉

有人就是靠直觉决定“我要当医生”“我要开花店”或者“我要当歌手”的。他们会说自己并不是靠理性来判断的，而是来了灵感。他们的决定不在于事物的所谓利弊。

有意思的是这种直觉是极为个性化的。问起来那个人也只能回答：“就是突然间懂了。”

就好像有的人与结婚对象初次见面时就知道“啊，这就是我以后要嫁/娶的人”，而有的人却一点感觉也没有。

平时直觉不敏锐的人也会有这种感觉，现在只要到觉得这样也不错的程度就可以了。但当灵感降临时，你就会感受到那股不容置疑的力量。

诚心所愿，终得相见

那么现实中真正在热爱中生活还大获成功的人，都是怎么找见热爱之事的呢？

这个答案可能会令你震惊，但大部分人都是在无意间碰到的。

偶然一次兼职变成了终生事业、被亲戚叫去帮忙、因为前辈介绍的工作太过有趣而乐在其中等等，全都来自于偶然的。

纯粹放任自己投身于偶然间勾起兴趣的一件事，经历过两次、三次、四次改行后，在其中找到了自己所爱。

不过若只是随波逐流，人们是无法找到热爱之事的。人还是要在生活中有所求，才更容易吸引机会靠近自己。

即使有人想要搭话，比起茫然无措的人，他们更容易选择拥有某些闪光点的人吧。只要你的愿望强烈，机会就一定会来。我是这样，而且我遇到过的无数人也都是如此。

这种机会就出现在极其平凡的生活中。

比如平日不知不觉间做起来的事。

不觉间看起了书、去听了演讲。最喜欢参加各种研讨会等等……

那些时刻还没有意识到自己在为将来的事业做准备。

例如，每个周末都会去品尝美食或喜欢做料理的人，未来很有可能会自己动手做料理、开餐厅，或者成为美食评论家。

喜欢跳舞的人，其事业就很有可能是与舞蹈相关的工作，比如开舞蹈教室或者设计观赏舞蹈的旅行团。

做自己喜欢的事，自然就会有意想不到的收获。之后需要重视的就是如何从中找出自己的最爱了。

抓住不可思议的偶然

为了让自己热爱之事更具体，“不可思议的偶然”就显得非常难得了。

“为什么突然只对美食节目那么感兴趣呢？”

“为什么眼里只能看到弗拉明戈。就算是翻开杂志、打开电视看得到的也都是弗拉明戈。”

我想让你知道的是，像上述这样的偶然就是生活对你的暗示。

如果你一天中能收到三次弗拉明戈的信息，在这种前提下，若是朋友提议“一起去学弗拉明戈吧！”你就一定会去。因为在那里你可以遇见优秀的搭档，或者那种环境本身就能让你开心。

虽然不知道弗拉明戈是否就是你的毕生事业，但要是朝着那个方向发展，就会距离自己热爱之事更近一步。

可能你只去了三次就已经对弗拉明戈感到厌倦了。但也有可能与同一个舞蹈教室的同学相识相熟并发展成商业伙伴。

人生中充满了这样的偶然。若是有人邀请你去做自己感兴趣的事，那不妨就去试试看吧。

不知道一个契机能指引你去向何方。所以请你对自身发挥这一可能性的意识重视起来。

才能的原型是什么？

辨别才能，有一个很简单的方法，就是辨别才能的原型。

将人的性格分门别类后，原型就很容易区分了。

比如，我们平时就常说“那个人总是一副女演员架势”“那个人真是个彻头彻尾的生意人”或者“那个人就像圣母一样”等等。

原型是女演员的人，品味高贵、魅力无穷。若是能充分发挥这一特质，周围的人就会被她的高雅与美丽所触动，心生向往。

反之，若是不能很好地平衡整合，就会变成个心高气傲，惹人讨厌的人。

感受和发现这些原型并不需要特殊的才能。

如果你想到了学校的同班同学、社团的朋友、公司的同事、生意伙伴、邻居或亲戚等，也能直接猜中一部分人的原型吧。

每个人都有不止一个原型

做自己最喜欢的事时，自然会意识到自己的原型。这是很自然的过程，你不用特意去想，它自然就会出现在你脑海。

我有一位心理治疗师朋友，她原本在一家大公司担任普通的内勤职务。一段日子未见，她竟然发生了天翻地覆的改变，令我吃惊不已。

她从一个普通的白领，变身成为一位治愈人心的美丽女性，靠的就是充分掌握了自己治疗师（治愈人心）的原型，并好好地发挥了这一原型。

不管什么样的人都拥有多种原型。

你觉得你的原型会是哪些呢？

◎商务人士

◎顾问

◎手艺人

◎科研人员

◎政治家

◎军人

◎领导

◎医生

◎运动员

◎设计师

◎艺术家

◎治疗师

◎心理咨询专家

◎圣徒

这样列举起来，种种原型真是数不胜数。

扩大自己的才能原型

我想你应该已经意识到自己身体中有好多种原型了吧。

才能原型不会只有一个。那么，你找到自己拥有哪些原型了吗？这些原型结合起来就会形成你的魅力点。

就我自身而言，我就利用了自身演说家、哲学家、治疗师、喜剧人、政治家、商人以及表演者等多个原型的组合致力于自己的毕生事业。

在我的讲座及研讨会上，欢乐很多，眼泪也不少。虽然都是以金钱和商业为主题的，但参加者却经常笑到捧腹或哭到不行。

我认为这就是由于我身体中治疗师以及喜剧人的特质所造成的治愈效果。不仅如此，还有人在我的演讲中得到灵感继而创造出了新的商业模式，赚了几亿日元。这一点就是由我擅长赚钱的商人特质所决定的。

一直以来都觉得很有趣，同一个演讲，同时有人哭、有人笑、有人联想到商业手段、有人得到了来自父亲般的安慰，还有人感受到了艺术作品的创作灵感。

我认为这就是我利用了自己多面性才能的结果。

套装化才能

①“做”喜欢的事

②“写”喜欢的事

③“说”喜欢的事

④将喜欢的事“商品化”

⑤“出售”喜欢的事

⑥“传播”喜欢的事

⑦“教授”喜欢的事

⑧“组合”喜欢的事

⑨“制作”喜欢的事

⑩为做喜欢之事的人“提供服务”

这十年我能靠写作为生，多亏了这种多面性的活动。要是只写普通的商业用书，大概读者看个三本就会厌倦了吧。

我到了今天才终于有种能运用自己才能的感觉。然而在二十几岁的时候，我也曾因为自己的不上不下感到忧虑。当时我对会计知识一知半解，英语水平、交涉能力、计划能力、咨询能力、写作能力还有安抚能力等也都是二三流水平。与一流人才相比常常会令我无比失落，觉得“自己果然没什么了不起的才能……”

然而，当我开始将散在于不同方面的才能相加时，奇迹便发生了。不知不觉间我也开始散发自己独有的气质了。这一点是最令我惊讶的。

给才能做加法是种神奇的魔法。

回想起孩童时的自己

无法在日常生活中做自己喜欢的事，有一个很大的原因是曾经历过惨痛的失败。这甚至可以追溯到小学时代。

比如在最喜欢的棒球方面受挫后便沉迷于地下音乐表演，渐渐丧失了冲劲，很多人都会出现类似的创伤。

或许你已经想不起是几十年前发生的事了，但当你遇到想要挑战的事时，这些创伤就会出现。

如果当时的伤痛还未治愈，你就拿不出干劲来。之所以还能感受到当初的挫败感，是因为你不想再经历第二次失败。

长大成人后再想做自己喜欢的事就不可避免要再回顾一次当时的伤痛。

你是否也曾有想做却未做的事呢？

试着从回忆童年为起点吧。

曾经一定有件事深深吸引着你，绊住了你回家的脚步，让你忘记时间在走。

在被教育体制磨平棱角之前，你一定也曾拥有过闪耀的特质。回想起当初的自己，你就会发现自我才能的原型。

毕生事业

我在追求自己热爱的事时，与毕生事业这一概念不期而遇。

毕生事业就是你出生的目的。我认为，为了实践毕生事业，每个人都被赋予了一整套必备的才能。

假设你的毕生事业是改变教育体系。

那么你就被赋予了教育家、心理咨询师、领导者、政治家、传达者以及哲学家等才能。在你逐一发现并锻炼这些才能的过程中，你就会愈发熠熠生辉。

并不是所有种子都会同时开花结果。你可以这么去理解，这就好比角色扮演游戏一样，每当你完成一次任务，就能多收获一项才能。

毕生事业并不仅仅是一项工作。

即使你想找到自己的毕生事业，那也是不太容易办到的。因为寻找毕生事业靠的是感觉。你的毕生事业会明显地体现在你独特的日常行为中。人们做饭、与人打交道或者在人前发言的方式都各有不同。这些方式也并非只有一种。

但除某人之外再无其他人能采用的做法和达到的境界，就是属于这个人自己的毕生事业。鄙人所写的《用“毕生事业”丰富你的人生》一书就曾做出过系统的分析，如果您感兴趣的话可以看看。

当你弄清楚自己的毕生事业后，故事就会自动展开。这个进程一旦开始，就没有人能够阻挡你。另外，当它在你眼前展开时，会发生无数令你意想不到的事。当然并这不是说你完全不用努力了，只是事物的发展会很顺利，你也不用勉强自己。也就是说你可以在享受乘风破浪的快感的同时，还能满怀期待，不断前行。

从家族的脉络中寻找

指引你找到热爱之事和毕生事业的提示就隐藏在你感兴趣的事物中。

你不妨去查查你父母和祖父母曾经做过的工作吧。

最浅显直接的例子，是你的家族世世代代行医。即便不是这样，你也能从中得到很多启示。

假设你父亲那边的亲戚大多都是老师或科研人员，母亲那边的亲戚多是生意人或商务人士。

那么，研究商务知识的经营顾问可能是你的毕生事业。因为这一事业能把授业解惑、驰骋商海的才能融合在一起。

找到热爱之事后，人生就会改写

你的意识会主动接近你的热爱。

具体来说，你热爱的事就是你为之花钱和花时间的事。在日常生活中你不知不觉就会为它花钱。

热爱之事还有一个体现，就是等你回过神来已经为它花了很多时间了。虽然对谁都没有提起过，却不知不觉间就开始做了，这样的事就是你的热爱之事。

读到这里，肯定有人心想："糟糕！我找到了！"

没错，真正找到热爱之事的话确实会脱口而出"糟糕"二字的。

这又是为什么呢？

因为你知道找到热爱之事后，你的人生就会改写。

或许你还不清楚会如何改写，但你已经知道这一定是一场剧变了。所以你才尽量装作看不到和不理解的样子。直到10分钟之前……

可一旦你意识到自己热爱之事是什么，就会冒出许多不得不考虑的事。

比如现在的工作怎么办、存款怎么利用、和家人如何解释、和伴侣如何平衡等等。

选择工作时，要瞄准 5 个圈的中心

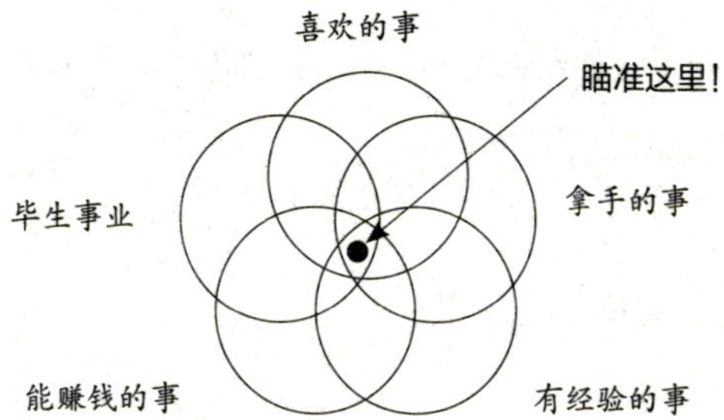

寻找才能之路，并非一帆风顺

如果你以为只要能找到才能，后面就不会有任何问题，那就大错特错了，现实可不会这么简单。

启动毕生事业的过程中会有好几个陷阱。下面我就从我自身的经历出发谈谈这些陷阱都有哪些。

①因为没有才能而感到沮丧

相信大家都有过这种经历，虽然找到了自己最喜欢的事，

但又实在缺乏才能，毫无胜算。

现在各个行业活跃在第一线的人们，几乎都曾因为自己没有才能而感到沮丧。

②夫妻、家庭之间的平衡

夫妻之间要是有一方要开始活出自我，那么二人或家庭之间的平衡就很容易被打破。这是由于对方误会你要独自成长，感觉被抛弃而陷入失落和嫉妒的情绪中了。

爸爸妈妈中若有一方过于积极就会影响到孩子。

如果家里有自闭的孩子，大多是由于父母的一方或者双方特别积极，很少在家造成的。

虽然人们都认为做喜欢的事就只会有好事发生，但还是必须要考虑到整个家庭的平衡 。

③对身边人感到烦躁

如果你想要靠自己喜欢的事情过生活，那么我敢说你一定会和周围的人发生摩擦。

这是因为普通的生活方式与做自己喜欢的事情的生活方式，两者之间的差异巨大。

做着自己喜欢的事就会惹人注目，成为他人眼里的任性妄为之人。特别是同事、上司，他们会抱着嫉妒的心态对你说些不好听的话。对他们那样的保守派来说，你是应该接受批判的。

你对周遭感到不耐烦就是征兆。当你出现这种情绪时，请用“这就是因人生态度不同而产生的小摩擦”来面对，这样就会好受许多。

④丧失自信

常常会有一开始明明进行得很顺利，中途却突然陷入低谷的情况。这种时候，有些人可以重新站起，继续前进，有些人却会就此打住，止步不前。

因为他们觉得，自己果然还是不应该把自己喜欢的事情变成工作，或是觉得自己没有才华。

⑤傲慢

还有种人跳过了前几个陷阱，当一切都走上正轨后，就突然变得傲慢了起来。

毕生事业得以顺利进行，让这些一直以来没有自信的人突然发生了 180° 的大反转，产生了“我超棒”的自负情绪。

其实他们是靠许多人的协助才得以成功的，却渐渐被胜利冲昏了头脑，自我麻痹了。

⑥对父母的不满

还有很多人在做自己热爱之事的过程中会对父母感到不

满。因为会埋怨父母为什么不在自己小时候“让我去学英语”“送我去学画画”等等。

认真着手毕生事业后，就会遇到相应领域中的天才们，他们多是从十岁出头就完全进入这个世界了。那么自己不免产生二十多岁再开始已为时已晚、难能成行的感觉，这样一来不满的矛头就直指父母了。

这样看下来，你应该已经知道了把喜欢的事当饭吃绝不是什么容易的事。

领悟到这个道理后，你会不会觉得找到自己喜欢的事情是件糟糕的事情?

另外，一旦开始做自己喜欢的事情，压力就会随之增加。因为会对自己发出“为什么不能做得更好”“为什么赚不到钱”等质问，开始变得焦虑。

而且，很多事都不会按你设想的方式发展。比起过普通的生活，做热爱之事的压力会一直增加。

但这种压力就像“成长的阵痛”一样，绝不只是负面的。因为虽然有切肤之痛,但却切实感受到了自己的成长与进步。

是选择过没有太多痛苦的普通人生，还是体验成长的阵痛，挑战自己的无限可能，都由你自己决定。

Chapter 4

第四章 怎样才能乘风破浪，抵达热爱的彼岸

过上热爱的生活需要多久

热爱之事，是在混沌之中寻得的。也有人曾经想过，“可以的话，将来想多做做喜欢的事”。

但实际上上班族不可能不去上班，开店的人不可能不开店。这时候你可能会觉得做喜欢的事简直是天方夜谭。

但只要从工作环境中迈出一步，你的人生就改变了。

与自己喜欢的事保持多远的距离，取决于你的思考方式和人生观。

也有人一边做公务员，一边利用工作日下班后以及周末的时间享受自己喜欢的事。还有一种是自由职业者，一半时间做养活自己的工作，一半时间做自己享受的工作。

重点是你想让喜欢的事在你的生活中占据怎样的位置。

我在学生时代刚开始学英语时，有位恩师曾问过我一个问题：“你想学到多好？”是在旅游的时候能问清楚卫生间在哪儿就行，还是能进行日常对话的程度？还是更进一步，达到能说清复杂情况或者能进行口译的程度呢？根据你的需求，要付出的努力完全不一样。

有人觉得能在周末做做喜欢的事就足够了，也有人想把热爱之事发展成职业并以此为生。要是想通过毕生事业获得经济上的回报，那实现它的策略也是不尽相同的。

如何跨越过渡期

在我 20 多岁的时候，我的导师曾对我说过这样的话。

“最喜欢的事不能当成工作哦。”

听到这样的话，我的内心难以平静。因为在那不久之前有另一位导师对我说："人就是要以喜欢的事为工作。"

我大惑不解，便问道："为什么不能把最喜欢的事当成工作呢？"

导师告诉了我原因。

是因为"要对最喜欢的事保持期待"。

那之后我和在迪士尼乐园打工的朋友聊过一次天，在那之前不久他还说过"能在迪士尼乐园工作简直像做梦一样"，结果没隔几个月再见面时就完全变成了另一副样子。

我问他："你这是怎么了？"

他回答说："其实在迪士尼乐园工作的这段时间很无聊。亲眼看着朋友钻进米奇的玩偶装，也完全了解了后台。就算和女朋友私下来，也会进入工作模式，再也无法纯粹地享受迪士尼了。"

同样的抱怨，我也曾经从电影人那里听到过。

大家都是因为向往电影事业才进入了电影制作相关行业，然而实际上进入这个行业后，却发现事物太过繁杂，每天都为了工作任务忙得不可开交。

即使那么喜欢电影，但那之后再看电影，也只会被摄影角度、脚本、演技和角色等电影内容之外的东西吸引注意力，再也无法享受看电影的乐趣了。

在与变得无法享受迪士尼乐园的朋友见面的当天晚上，我陷入了茫然。

“可能把喜欢的事当作兴趣会比较好吧。”

那之后只要有机会，我就会采访把喜欢的事“当兴趣的人”和“当工作的人”。这两种类型的人都让我近距离见识到了幸福生活的样子。

这两种方式该如何抉择，我认为还是要依照个人的价值观来决定。有一些公务员就是一边朝九晚五地上班，一边利用休息时间来钻研兴趣爱好。当然你也可以把毕生事业作为生活的重心。

也有些个体经营者即使已经着手做最喜欢的事了，也会在不知什么时候被琐事缠身，到最后也没什么属于自己的时间。

这两种人生比较起来，还是做公务员的风险和压力比较小。我认为还有一种选择，就是一边在公司上班一边做自己喜欢的事。

说是这么说，但还是有人想一天 24 小时都做自己喜欢的事。

对于不论未来如何都想把热爱之事当工作的人来说，如何跨越过渡期是问题的关键。有很多人好不容易决定开始投入毕生事业，却无法跨越过渡期，最后又做回了自己不喜欢的工作。

我来谈谈我的过渡期吧。

我喜欢的事就是在人前演讲，书写人生智慧的文章。我不时觉得，如果可以靠这些事情过生活，那该多好，但当时的我从来没想过要靠它们为生，所以一直做着会计和经营顾问的工作，终日郁郁寡欢。

但是有一天，我突然觉得，无论如何都想做自己喜欢的事，度过一生。至于经济条件允不允许，那都是后话。

“总之会让自己开心，豁出去了！”当时我就是这么想的。这种想法是非常重要的。

就我而言，我先尝试以研讨会的形式为开端。因为能想象出自己在许多人面前发言的情形，所以我曾笃定地认为自己绝对没问题！但实际去做的时候，总会出现各种各样情况。比如明明申请了能容纳 30 人的场地，结果申请参加的却只有 5 个人。

但是我不气馁、不妥协地做了下去，随着听众们的口口相传，来参加的人渐渐多了起来，甚至开始排号了。这期间，我开始在各种地方进行演讲，毕生事业得到了发展。

很多人都是想做喜欢的事，却半途而废了。特别是不少人在第一次尝试的时候就放弃了。不，也有可能是在尝试之前就打退堂鼓了。

如果事情进行得不顺利，还可以换回原来的工作。

但就我自身的经验而言，连试都不去试一次，实在是太可惜了。

当兴趣变成工作——职业与业余的差别

想把喜欢的事变成工作的人有很多，但真能实现的人却只是少数。在体育、商务、文艺界，能从众多业余爱好者中脱颖而出成为专业人士的人是少之又少。

这是为什么呢？

因为能提供相对应价值的人不多，即便本人感觉很享受，若是没有人乐于为此花钱，那就是自娱自乐。

专业与业余最大的区别就是，专业人士不管什么时候都要得出一个结果。比如专业棒球选手必须要在比赛中打出安打，让观众们满意。

再拿办画展打个比方。如果只是出于兴趣，那只要作者本人满意就足够了。是否能激发赏画的人产生灵感，让他们有出钱购买的欲望，才是专业与业余画家的差别。

兴趣会在哪个瞬间变成事业?

当原本只是觉得很快乐而做的事情获得周遭好评，开始有人愿意花钱拜托你做事的时候，转变也就开始了。这种变化是很突然的。

“能来为我们演讲吗？”“能向您咨询吗？”“能为我们这次的派对提供料理吗？”“请为我们杂志写篇文章吧！”或者“这次能请您登台演唱吗？”

此类邀请越来越多，可能会让你迷惑不解。自己应该也会暗暗担心："嗯？我能做到吗？"

但这时候一旦畏缩不前，机会就会从你身边溜走。

当机会来临时就要想着"机会来了，我一定要抓住它"，然后积极去应对。那之后一定会有精彩的故事发生。

即使最后进行得不顺利，这次失败也会变成经验，帮助你日后取得成功。

请大家把不安和恐惧看作是前进的信号吧。

把"喜欢的事"战略性地转移到人生中

如果只是在混沌中觉得自己"好想靠做着喜欢的事生活下去啊"，这样是无法实现梦想的。

如果你一直以来都过着平淡无奇的人生，那么我敢说你永远也做不了自己喜欢的事了。因为全世界的发达国家中，90% 的人到现在也没能做着自己热爱的工作。如果没有任何计划就无法拥有做热爱之事的环境。

若是想以热爱之事为中心生活的话，就必须要进行转变。也就是转变人生观、对待金钱与工作的态度以及人际关系等。

这是因为，仅仅是在利用金钱或者时间的方法上，“过着普通生活的人”和“在热爱中生活的人”就有着极大的不同。

那么我们接下来就来看看哪些东西是必须要改变的。

①人生观

最先要改变的就是你的人生观。你觉得“人生就是为了享受”还是“人生是一场修行”，这两种观念会让你的人生走上完全不同的道路。

对你来说，重新定义“何为人生”是最关键的转变。

接下来再去一一验证“工作”“金钱”“伴侣”的意义。于你而言，人生是“一场刺激的冒险”还是“一场忍耐的试炼”呢？答案不同，你遇见的人也会不同。

在这一层面，最重要的转变是开始意识到“谁都可以轻易地改变人生观”。

②工作方式

“做热爱之事的守则”中，对待工作的想法和态度也是必须要转变的。要认识到“工作是令人兴奋、予人快乐的事情”。

如果你不觉得“工作是最能令人兴奋的事”，那就说明你的工作不适合你。要是真正做自己的“天降大任”，想放弃都难。

就比如说我，因为太享受写书的过程，甚至到了“不把手从键盘上扯下来就无法停止打字”的地步。

我也不是建议你和现在的工作没有共鸣就立刻转行。因为即使换了工作也还是如此。

毕竟你兴奋与否无关工作内容，而是心理的问题。你可以测验一下目前的工作是否能让你满怀感激之情又感到心情愉悦呢。

但是，如果你在工作中没有受到应有的尊重，职场环境又恶劣不已，那你还是尽快换个环境比较好。

把“喜欢的事”战略性地转移到人生中

☑ 思考何为“人生”
☑ 对“工作”充满期待
☑ 愉快地利用“金钱”
☑ 成为获得支持的“人”
☑ 与“家人”享受高质量的时光
☑ 平衡好“情绪”
☑ 习得“技能”

不要随随便便地对待，尽可能制订具体的人生计划！

③金钱

仅靠积攒下来的存款，是无法成为有钱人的。同样，只靠普通的用钱方式也是无法实现人生质变飞跃的。有时候不得不赌一把，一口气决定“就把钱花这儿了！”

手里紧紧攥着存折念叨着“不想输钱”，就无法拓展人生。去留学或者学习新东西，一定会给你加分。如果你感觉什么东西“好像很有趣的样子！”那就全身心地去投入吧。

不过对于投资还请谨慎对待。有很多抱着“总之先挣点钱”的心态的人都损失惨重。

钱是能带给你和身边人幸福的工具，还请积极地去利用。

④人际关系

靠自己喜欢的事过生活的人，其人际关系与普通人截然不同。不但存在手机里的号码数量有差别，甚至能随意打电话过去交谈的朋友数量也比普通人多出一个零。他们就是那样受人喜欢，被人支持着。

有多少人愿意全力支持你呢？

靠热爱之事生活的人，交往的都是自己最喜欢的人。虽然按照普通的常识，和任何人都能友好相处是再好不过了，但他们并不这样认为。他们都选择和自己喜欢的人交往。

⑤家庭

做着自己喜欢的事的人，和家人的关系也很好。因为他们对人生充满了热爱。

他们爱自己的工作，爱很多人，又怎么可能会不爱自己的家人呢？

如果你与父母存有心结，还请和他们握手言和。若你与兄弟姐妹不通音信，也请重新跟他们取得联系。与家人和解，是人生中最能让你感受到心安的事。反之，若是与家人中的谁出现隔阂，人生就会浮现出紧张感。

⑥情绪

如果在情绪方面没能掌握好平衡，那么就难以靠热爱之事生活下去。

因为要想做对自己来说最重要的事，大多数人都会体验到心碎。

可能会有人伤害到你的感情。有的人会直截了当地否定你，说你“作品好无趣”“做的菜好难吃”“唱歌真难听”等等。

此外，还有许许多多引爆情绪的火种，比如因为自己缺乏才能而焦躁，由于得不到身边人的理解而愤懑等等。你要善于去利用这种情绪而不是被它绊住手脚。

⑦技能

强忍着厌恶的情绪做讨厌的事，这样的生活基本都不需要什么技巧，只要做到不被开除就行。

但要想认真做自己喜欢的事，就出现了很多必要条件。

要熟练掌握以问候为首的人际关系、工作安排、目标设定、市场营销、品牌架构等多种技能。

当然，如果你觉得只要能做着自己最喜欢的事就好，那么也不需要做到这种程度。但还请你明白，没有技能，一件事重复做多少年都不会有任何成长，只是在原地踏步。

如何面对自己的情绪

做热爱之事时会涌现出许多种情绪，正面和负面的情绪会像浪潮一般向你袭来，动摇你的内心。

这种时候，应对情绪的方式决定了你的人生质量。

有的人虽然取得了一般意义上的成功，但对情绪的处理却惨不忍睹。他们无法让人体会到富有与名望带来的好处。

日常“感到幸福和心安”或“感到焦躁和忧伤”是两种完全不同的人生。

除了我们特别小的时候，生活中我们都在尽量避免感受情绪。因为我们认为悲伤以及烦躁都是会带来负面影响的。所以大部分人一般都尽量避免感受负面的情绪。

人们都想尽量避免煎熬、痛苦等情绪，排除愤怒、憎恶等情绪。

然而，只要是人就无法避免产生负面情绪。所以大多数人才会选择在生活中压抑自己的情绪。

这一行为的副作用就是会变得连正面的情绪也感受不到了。因为当你封锁负面的情绪后，情绪的循环就会随之关闭，所以也无法感受到正面的情绪了。

这就导致连喜悦、快乐、满足等情绪也渐渐无法体会了。在派对等场合眼神空洞地说自己“觉得没意思，不知道干什么”的人，大多都处于这种状态。

以热爱之事为生的人，他们的世界有着许多正面负面的情绪。因为生命能源的本质就是情绪。

接下来，我们来了解一下以热爱之事为生时会产生哪些情绪。主要侧重负面情绪，因为我觉得这是我们容易忽视的部分。

做喜欢的事会产生的情绪

那么以下就从正负两方面来分析实际生活中当人们在做自己最喜欢的事时容易迸发出的情绪。

①不好意思、罪恶感

有很多人都认为“做自己喜欢的事不太好”。

父母或兄弟姐妹都没有一直做自己喜欢的事，那就会觉得自己也无法自由选择并饱受这种情绪的折磨。

②孤独感

你会觉得自己孤立无援。自己会责怪自己“为什么不能像大多数人一样生活呢？”当你感觉自己与世界格格不入时，总会有孤独感相伴。

③对失败和成功的恐惧

“如果失败了怎么办？”这种不安应该很容易理解。

但比起失败，对成功的恐惧更甚。会担心“如果成功了遭人嫉妒怎么办”“和老公还能顺利走下去吗”这样的问题。

④悲伤

悲伤也可以理解为失落感。感到失去什么东西时，就会产生这种情绪。你往往会在与某人无法产生共鸣、做某事不顺利等情况下感受到这种情绪。

想要遮掩悲伤，就会衍生出愤怒的情绪。这就是为什么人们在震怒之后会突然感受到强烈的悲伤。

⑤绝望感

绝望感就是丧失希望的感觉。失望从四面八方席卷而来将你吞没，令你手足无措，进退两难。当你觉得“未来一定糟透了”时就会出现绝望感，好像有一堵高墙挡在你面前，有种身陷旋涡无法自拔的感觉。

⑥愤怒、憎恶

有的人会出现“都怪爸妈我才做不了自己最喜欢的事”等想法，觉得自己被束缚并产生愤怒、憎恶的感情。还有可能对不理解自己的上司、客人、伴侣或对整个世界感到烦躁。

⑦羞耻

羞于被人关注。

进展不顺利很丢脸。

被别人看到自己冒险拼命的样子太丢人了。

在这种事上感觉羞耻是阻碍你进步的一大要素。

⑧嫉妒

嫉妒就是对别人产生的羡慕情绪。觉得别人有而自己却没有时，就会产生嫉妒。开始做自己喜欢的事后常常会饱受嫉妒心的折磨。

即便没有熊熊燃烧的嫉妒感，嫉妒心也有可能隐藏在内心深处。

⑨怀疑、不安

所有人都会有类似“可以这样做吗”“这条路可行吗”的疑问。一旦萌生怀疑的情绪，就会带来一连串连锁反应。不安也具有同样的性质，一次不安会招致更多不安的情绪纷至沓来。

不安和怀疑都是出于人们规避前路风险的本能。

⑩虚无感

虚无感就是认为“做自己喜欢的事没有价值”。

当一件事进入获取利润的阶段时，就会强烈地感觉自己的东西没有让别人花钱购买的价值。另外，认为没人对自己的毕生事业感兴趣的状态也是虚无感的体现之一。

⑪ 恐惧

恐惧也会左右你的人生。对某件事物感到恐惧，是人从原始时期就具备的本能，也是生存的必备技能。走出安全区就等于面临着被老虎等猛兽袭击的危险。

但在现代社会，过度恐惧就是障碍。过于恐惧未知事物，就无法学到新东西。

⑫ 盲目自信

像“我真厉害”“我好受欢迎”这样的错觉，会给自己或周围的人都带来困扰。

这种自信能传达给面前的对象或性格怯懦的人，但也就此打住了。和这种人在一起有一个特征就是会有筋疲力尽的感觉。

⑬ 沉稳的自信

就是指由内而外的自信感。

这种自信也会传染给周围的人。当你拥有了沉稳的自信，就会像温泉一样自然地吸引人们聚拢到你身边来。

⑭ 爱与友善

就是“爱并重视别人”的感情。

做着自己最喜欢的事，爱的感觉就会愈发浓烈。就好像对家人、伴侣、客人和整个世界敞开了心怀。有了爱和友善，自然能左右逢源。因为大多数人都愿意和这样的人接触。

⑮ 喜悦

就是简单地指快乐和喜悦的情绪。

你能充分发挥自己的能力并且感觉与自己的方向性吻合时，也会出现这样的情绪。当一个人充满喜悦时，就会达到幸福的状态。

这种幸福也会传播给四周。因为人最喜欢看到洋溢着幸福的人。

为什么做喜欢的事，也会心碎？

因为做喜欢的事可能会击溃内心，所以有人不愿意去做。

这就好像认真对喜欢的人告白却被拒绝了一样。我这么喜欢对方，却被对方拒绝，简直太悲惨了。

也会因此感觉自己没有价值，不如死了算了。

但即使如此，如果不冒着被拒绝的风险去告白，就永远也无法知道对方对你的感觉了。

很多恋爱都因为没有冒这个险而被扼杀在了摇篮里。做自己喜欢的事也会有这种单恋的感觉。这种时候不管多恐惧，多受伤，都要赌上自己的全部去完成毕生事业。

认真生活就无法避免心碎。心碎就像是你热血拼搏的勋章。努力去尝试，即使心碎也不要紧闭心门。如果感觉累了，就多给自己一点治愈的时间。

恋爱也是如此，坚持下去一定会建立起相亲相爱的关系。

心碎，发现自我才能的契机

之前提到过，在追逐自己心仪之事的过程中，会有不同于做厌恶之事的压力出现。

那就是当你热情高涨专心致志时让你第一次碰壁的高墙。平凡的生活中绝不会遇到这样的高墙。

我想先告诉你，你会碰壁，会经历人生中最大级别的心碎。但之所以会碰壁正是因为你的热情和才能在此。

就好像写文章不顺利时，你肯定会特别失落。但若是你没有才能，就不会失落到那种程度。只是会觉得“进行得不太顺利啊”不会太过在意。

由于工作无法顺利进行而感到焦虑失落的话，就想这是因为你还有潜在的才能未开发出来。

也有人在感到心碎后就远离了毕生事业。更有甚者觉得自己好不容易鼓起勇气以此为生，却被伤透了心，因此之后几十年都不会再碰了。

但若是能够养好伤再次出发，就能唤醒原本沉睡的才能。看到这样的自己，肯定没人能比你更惊讶了吧。

化恐惧为热情的方法

开始做自己喜欢的事，就会产生不安和恐惧的情绪。

一般来说，开始感到恐惧和不安时，就会出现“走这条路对吗？”“感到害怕是不是因为弄错了……”这样的感觉。

但就这样中途折返未免太可惜了。

恐惧是期待的一个侧面。

在过山车上升期间，即会感到恐惧又会感到期待，两种情绪就像是一枚硬币的正反两面，相互交织在一起。正面的就是期待感，负面的就是恐惧感。

当你感到害怕时可能想大喊：“好可怕！”

但你可以试着在那之后再紧跟一句惊叹时说的“哇哦”，就会像说英语一样变成“好可怕哇哦”。这样一来你就会觉得这句话滑稽不已，可能还会笑出声。

在那个瞬间，恐惧就会变成期待。因为届时所有的恐惧感就会因为一句“哇哦”变成充满惊叹的期待感。

出国旅行、改行、独立生活、结婚都有可能是恐惧的来源。但从另一个角度来看，这些难道不也是令人兴奋的事吗？

因为觉得“太害怕”而不去做，人生该多无聊啊。要是问 70 岁以上的老者人生中最后悔的是什么，他们都会异口同声地回答：“因为害怕而畏首畏尾，没能做自己想做的事。”比起做了什么，更后悔没能做什么。

比如没有对暗恋对象说出“我喜欢你！”、一直想去国外旅行却没能成行，如今回想起来，会觉得当时要是横下心去做就好了。会以这样的方式提起的事是最留遗憾的。

为了不在几十年后感到后悔，现在就去做那些令你恐惧的事吧。先从最低程度的“可怕”开始，渐渐地上升到最高的程度。

不做自己喜欢的，就一辈子不会注意到的事

从“做自己讨厌的事的人生”转移到“做自己喜欢的事的人生”时，会出现好几种抗拒心理。

其中一个原因就是在我们的观念中，有人认为“做着厌恶之事的人生”和“做着热爱之事的人生”之间有着深不可测的鸿沟。

由从业人员跳跃到个体经营者，很多人都会产生上述感觉。担心“现在从公司辞职绝对养活不了自己”，并因此无

法看得长远。

所以有很多人觉得自己如果跨出了这一步，就一定会坠入谷底。

就算沟壑的宽度只有 1 米，还是有人会因为有坠落丧命的风险而不敢跳跃，畏惧不前。

在工薪族和职业女性看来，沟壑的距离很可能有 2 米多宽。

当然了，这个距离直接跳过去确实有坠落的风险。但他们不知道，这只是恐惧造成的错觉。

沿着沟壑走走，就会发现有些地方的裂缝宽度很窄。可能有的地方距离只有半米。从这里跨过去，就没有坠落的风险了。

但很多人只在距离最宽的地方探头俯瞰了一下谷底，就觉得“好可怕，从这儿掉下去肯定没命了！”

这样想也不是没有道理。

因为已经跨越峡谷到达对岸的人是不会再回头的。最终自己身边全都是因为恐惧而没能跨过去的人，所以他们才更确认“看来是真的可怕啊”。

当我在演讲会上问听众：“有跨越了这座峡谷的人吗？”从公司职员改行或独立门户的人就会举手。一开始大家也都觉得肯定会完蛋，但跳完后总会发生些什么。

明辨赌博与风险的差异

有的人听到这儿，就产生了错觉，立马兴冲冲地辞掉工作。因为他们觉得不喜欢现在的工作就辞掉，之后船到桥头自然直。

然而这样的人会引起一连串大麻烦。因为他们不是在冒险，而是在用人生赌博。

不做任何前期积累，拿到退休金就一股脑地用来投资开店的人，沉迷于期货交易后损失惨重的人，受到海外投资诈骗的人，虽说都是打算放手一搏，但他们没意识到自己的行为其实就是在撒钱。

任凭轮盘赌的小弹子左右自己人生的人，潜意识是在盼望失败。所以若是长此以往，肯定会遭遇破产之灾。即使运气爆棚的人，连胜十回后也总有一次失败。最后一次要是失败了，就到此为止了。

你要知道，当你在异常兴奋的状态下想做某件事时，那便不是冒险而是赌博。

迎接风险时头脑要冷静。充分考虑可能出现的负面结果后，再去一决胜负。

如何一边工作一边做自己喜欢的事？

读到这里肯定会有人认为想做自己最喜欢的事就必须要

从公司辞职。其实并非必须如此，还请安心。

建造水坝、开动电车、操纵飞机、修建高楼大厦或铺设高速公路等都不是个体经营者的营业范畴。如果你想从事的是这样的大型建设行业，那就必须要就职于大企业才可以。

然而，事实上很少有人能在企业中做自己喜欢的工作。因为当事人的才能必须要获得大型企业人事部的认可才行。所以能一边出勤一边做自己喜欢的事，就必须要有相应的技能。

首先要调查自己想做的工作隶属于哪个部门。下一步再接着考虑如何调往那个部门。

如你所愿实现调动后，能否做出实绩才是胜负的关键。为此，若是不能与上司和同事顺利交流就很难实现，这就需要你精通公司的内部法则。

想在体系内做自己喜欢的工作，就要找到能发挥自己才能的场合并好好利用。你一定也能在此找到自己的毕生事业。

实现愿望的机制

当梦想在你内心埋下种子时，梦想就已经有实现的可能了。与自身没什么联系的梦想就绝没有实现的可能。

实现愿望的模式有很多种。

虽然我认为“梦想一定会实现”,但的确有人欢喜有人忧。

它们的区别在哪呢?

首先，没有实现梦想的人都有一个共同点，就是梦想并不清晰。

比如只是冒出过“将来想去留学”的念头，就这样无疾而终了。或者只有“想开店”“想当作家”“想成为音乐家”等模糊的想法，却没有采取具体的行动。

为了实现梦想的人千万不能忘记这一点。

就我自己来说，我从小就有梦想。

我梦想创造一个人人都能在热爱中生活的世界。我最喜欢看德国考古学家施里曼的书，因此还梦想过他那样的人生。前半生是一位实业家，隐退后的后半生就去逐梦，直到最后真正实现梦想。我当时特别憧憬这样的人生。

我认为自己一开始出现想过那种人生的想法就是我梦想的第一阶段。

接着自己才有了“写书”“在人前演讲”这样具体的梦想，等意识到“只差行动了”的时候，就做好心理准备，着手实现梦想。

从这层意思来看，要实现愿望，一开始最需要的是“无论如何也想去做”的无法抑制的心情。

当你的脑海中涌现出具体的设想，怎么也挥之不去，就做不了其他事了。如果没到这种程度，就会被日常生活中的忙碌所追赶，梦想就这样无始而终了。

此外，愿望明确的人会向别人做出宣告。

在向周围人诉说自己的梦想时，就会收到“你认识这样的人吗”或者“你要是想做这件事，不如去见见这个人”等意见。

也真的有人引荐你转行到某家公司，或者有人教会你实现梦想所需的技能。

还有人在常去的寿司店与邻座的人聊到“我的梦想是开店”，结果对方拿出了1000万日元开店资金说“那就去试试吧”。

确定了梦想，兴奋难耐地告诉别人后，就会出现许多帮助你的贵人。

很遗憾，总是觉得自己“没钱”“没时间”“没才能”的人，一辈子也无法实现梦想。

但即便有的人确实“没钱”“没时间”“没才能”，这也没有那也没有，只要他们有想做的事，能吸引与自己互补的人来帮助自己就好。

这世间总有人“想出钱”“想利用才能”“想付出时间”或者“想出力”。

想要帮助别人实现愿望的人，乐于助人的人，比你想象中多得多。

不拼命也能实现梦想的时刻

这世上既有人能接二连三实现梦想，也有人完全做不了喜欢的事。我一直都在想这究竟是为什么。

当真正的梦想实现的瞬间，一切都会聚集到你身边。

眨眼间，财富、机遇、人脉、信息就会从四面八方汇集到那个人身边。就像磁铁将周围的铁器都吸引过来一样。

这一“磁铁”的中心，就是思考。我觉得“你的设想吸引万物”这一机制，是一个我们肉眼不可见的世界。

虽然只是一种假说，但我认为大脑具备发送机和接收机两种功能。即使科学还没能明确证实，但打个比方说，谁都有过如心灵相通的夫妻或密友之间不用说话就能沟通的经历吧。

我在开千人规模的演讲会时，做了一个问卷调查，其中一个问题就是有关直觉和心灵感应的。

有超过 90% 的人都在“接到电话和短信之前会有直觉和预感”。有很多人在家人遭遇事故意外身亡时也会有不祥的预感。你一定也多少有过类似的经历吧。

虽然不知道是怎样的运行机制，但我认为我们具备远距离沟通的通信机能。所以，当我们怀着某种强烈的念头，就自然能传达给身边的人并引起反应。

举例来说，我有一个朋友在国外留学。一开始他因为没钱只能放弃留学的梦想。但他对身边的每个人都提到过他的愿望。于是有一次，他从朋友的朋友那里得知了某个奖学金的存在，因此顺利实现了留学梦。

乍一看是因为他向周围人说了个遍才获得了这个信息，但我却认为是他明确的目标才让圆梦变成了可能。

你有过事情按自己设想的方向发展的经历吗？

如果有的话，那就是你在有意识地利用这一机能。

创造不可思议的命运

接下来我想谈谈我最近在思考的事。

我对“运气”这一课题很感兴趣，所以 30 多年以来我一直在观察各式各样的人生。很多人都能感觉到有的人运气好，而有的人运气不好。我想知道为什么运气会有差异？他们的宿命与命运哪里不同？命运是可以改变的吗？我一直在以此为课题持续跟进。

我们的人生很有可能因为一件小事就发生巨变，那究竟是命中注定还是事出偶然……

同步性虽然意味着不可思议的偶然，但从我目前为止的经验来看，那其中也包含着命中注定的成分。

因为我有机会对话各行各业的顶尖人才，他们在回望过去的历程时常常会抑制不住激动地说："那都是命中注定的。"

但在我看来，与其说是单纯的命运，不如说是他们自发地追求并改写了人生。我把"同步性"（不可思议的偶然）和"命运"（命中注定）相结合，将此称为"同步性命运"。

接二连三实现梦想的人就是在创造自己的同步性命运。我最近深刻感受到，其实每个人都具备唤醒自己同步性命运的能力，但几乎没有人注意到这一点。

在普通的常识环境下还不能理解与此相关的道理，所以若是时机成熟了，我就想将这个发现公之于众。若是你想以做自己喜欢的事情的方式过一生，还请一定将这一课题纳入考量。

梦想早已根植于心

这虽然也不过是我个人的假说，但每个人的梦想早都已经根植于心了，难道不是这样吗？正因如此，梦想才会在合适的时机出现在你的眼前。

在你尚未察觉到的时候，梦想就徘徊在你四周。

梦想会牢牢地缠着你。它会出现在你的想象中，出现在你的话语里，等你睡着时，它还会出现在你的梦里。梦想就是这样不断地向你传递着信息。

如果你直觉敏锐，这时候你就能察觉到了。

“原来如此，我真正想做的是这件事啊。”

除此之外，还有人是由于遭遇了事故、疾病、裁员之后才第一次有所察觉。每个人的开始都具有独立性，你只要知道区别在于开始是快乐还是痛苦就好。

迄今为止我已经采访过几百位实现了梦想的人，其中很多人都“不知为何总会明白自己前进的方向”。

虽然这听起来过分灵异，可能有的人会心生抗拒，但我想告诉你的是确实有很多人都是这样说的。

实现梦想的时机

①自己觉得兴奋难耐时

一个人满怀期待地开展行动时，梦想就会实现。

当你想做出点什么时，一开始总是无法顺利进行。不论是资金、技术还是人脉都远远不够，接下来什么事都很难进行下去。

但只要你自身充满期待，就不会觉得障碍是障碍。事情一件件解决下来，进程会变得越来越顺畅。

②当很多人被牵扯进来时

当梦想不仅与你有关，还关乎其他许多人时，这个梦想就会实现。关键在于大部分的人是否也期望实现这个梦想。

如果你的梦想不仅能让你兴奋不已，还能让周围人也有所期待的话，那你实现梦想的概率就会大大增加。

在你心怀期待一步步接近梦想的过程中，会与很多人相识相知。他们会被你努力拼搏的姿态打动，成为你的啦啦队。

③有利于人时

如果你的梦想只是住上大房子，那应该没有人会为你加油吧。

因为那只是关乎你个人的梦想。

虽然这绝不是什么坏事，但获利的人只有你，别人是不会想着帮助你的。

然而，如果这座房子是避难所，是为遭受虐待深陷不幸的孩子们建造的，那就一定会有人举手赞同。

即便梦想都是想要大房子，但这是为了自己还是为了帮助别人，性质全然不同。

④不可思议的偶然连续出现时

梦想实现时，不可思议的偶然会连续发生。比如当你为了筹措资金而上门拜访某个人时，却发现对方竟是父亲原来的下属。而你的父亲德高望重，还曾在对方年轻时给予对方极大的照顾，是他的大恩人。

再比如说你想请别人为你建立门户网站，结果碰巧对方公司的二把手竟是你大学社团的前辈。

这样一来，你不就既能获得投资，又能以低价请人为你建立网站了吗？

善用你的最佳导航系统

当你做自己喜欢的事时，肯定会有期待感。当你去追逐这一期待感时，人生就会展开新的篇章。

我认为自打我们出生，每个人的心中都有一个导航仪，指引我们去往最美好的人生。

每个人都知道自己应该做什么，怎么做。

我们从小就是如此。

一天到晚东拆西造的人，长大后变成了工程师、设计师。

然而经历了小学、中学，随着年龄的增长，我们也渐渐忘了自己想做的事。

因为在做令人期待的事和令人愉悦的事之前，还有讨厌的作业和学业要完成。

在这一过程中，人的感情也渐渐麻痹了，无法再体会欢乐、喜悦或者痛苦了。

很多人进入 20 岁后就已经完全忘记自己想做的事了。等到找工作时才慌慌张张地开始思考自己想做什么。

可是彼时的记忆已然淡化，根本想不起来自己曾喜欢和擅长的事了。

但其实热爱的种子仍在你的内心。只不过它换了种形式，变成了期待感并向你发送信号。

导航系统不会预告的事

以自己的毕生事业为目标过生活的人，很多人也会对此感到不安。

他们常常会担心“这样应该很难继续下去吧”“钱不够用了怎么办”等问题。因此就想求一个保证。

这是为了打消内心的疑惑。

但是，稍微前进就因不安的心情而停下脚步的话，是永远无法抵达目的地的。就算中途出了差错，也不要灰心继续向前，总会柳暗花明又一村。

想象一下导航系统的工作状态。

大部分的语音向导，都是在距离十字路口还有 30 米左右的地方才开始提示接下来该如何转向的。它不会一口气告诉你之后的三个路口该如何转向。

“下一个十字路口向右转。顺便提一下，再下一个十字路口向左走 500 米，右手边有一栋红色的大楼，接着在便利店前的十字路口向左转。”

要是像这样在正要转弯时说一大串信息，人就会忘记最重要的下个路口该向右还是向左了。

对你来说需要知道的只是眼前的十字路口该向左还是向右。

另外，要是距离目的地还有 20 公里，下一个路口向左还是向右其实没有什么大的差别。

的确，向左走或者向右走，沿途的风景可能会有一些不同。但在漫漫长路中，若是没有无论如何也要享受旅途的心情，那行进的方向也不会有什么影响。

最坏的情况，就是以方向不明为由放弃启程。只要你出发，就会发生些什么，但如果车不从车库里开出来就什么也不会发生。

当你因前路未明而担忧时，请想想我说的这段话。

Chapter 5

第五章
拜师学艺实现梦想

人生导师的重要性

能遇见一个好老师是万分幸运的，不管做任何事都是如此。学生时代，应该很多人都有过这样的经验，因为喜欢某位老师而喜欢上某个学科。

“向优秀的导师请教”有一个前提就是必须要做着自己喜欢的事。

我在20岁时遇到了第一位人生导师——犹太富翁盖拉，自此之后，还遇到过许多的人生赢家。他们教给我的人生智慧，是我现在能生活得幸福又多彩的基本。托他们的福，我才没有走太多弯路。

商业、艺术、演艺、运动界拔得头筹的人，几乎都有人生导师。日语中不说导师（mentor），而是使用恩师一词，但都表示同一个意思。

当人生迎来重大转机时，是否有老师能够提供确切的指导是非常关键的。

不是说遇到好的导师才能成功。而是正因为当事人悟性高，才能有幸遇到导师并取得成功。

当自己情绪低沉时就遇不到什么优秀的人。回望之前的人生，你应该也有这样的体会吧。

如果把人生比作登山，导师就相当于优秀的向导，这样比喻应该更容易理解吧。他们能将使用工具、观测天气、制定路线的方法等与登山有关的知识倾囊相授。即便事先做足了准备工作,但不管是登山还是生活都有着各种各样的困难。这种时刻导师就能结合以往的经验提出最恰当的建议。

行走于人生的道路上，正是导师才能给予你生存必要的知识。本书中特意将一整章的篇幅留给导师，正是出于其重要性。

那么接着就来更具体地了解一下吧。

来自导师的馈赠

人生导师到底会教给我们什么呢?

回想起来，迄今为止我遇到的导师们传授于我的知识，都有几个要素。我想将这几点一一告诉大家。

首先就是刚刚提到过的，导师是你“人生的指南针”。当你迷茫时，导师会为你指明前进的方向。

有很多导师会在看到弟子陷入迷茫时露出会心的微笑。因为他们在年轻时已经经历过许多次相同的处境了。

他们能参照过去的亲身经历提出准确的建议。

只不过当他们提建议时，不会总是直接指示具体的行动，比如“你这样行动”“你选这条路走”以及“你就这么对应”等等，他们只是提供意见而已。

因为如果说得太具体，弟子就无法自己成长。

越是优秀的导师，就越会促使弟子实现自立。

如果弟子只是一味地按照导师的指令行动，对弟子来说并没有任何好处。优秀的导师只会给予弟子提示，然后留给他自己思考的空间。

这样下来，当你再碰到相同的疑惑和问题时就不会再去找导师商讨具体的对策，而是自我抉择。这就是你自身成长了的证据。

当你在迷茫中做选择时，导师会支持你。即便你不需要做决定，导师也会一直不遗余力支持你。

就好比当你的父母、密友都反对你时，导师会看到你的闪光点并相信你的选择。

这种信赖就是导师与弟子之间的纽带。

不但如此，很多时候为了回馈导师的信赖，你也会发挥出意想不到的能力。

当一切顺风顺水时，反而需要有个人劝你放缓脚步，这个人的存在是极为重要的。特别是你已功成名就，到达了某种程度、某一地位时，身边就几乎没有说真话的人了。

那时，导师也还是会正常对待你。

当你不知何时变得傲慢骄横、失去自我时，导师也会给你正确的反馈。可能偶尔还会严厉批评你。不过这都是出于对你的喜爱和信赖。

由此你可以找回丢失的谦虚。

理想人生导师的 6 个要点

导师会对你的人生产生极大的影响，所以选择导师就和选择人生伴侣一样重要。

如果选错导师，对人生也会产生巨大的负面影响。

因此，最好事先了解清楚优质导师都具备哪些特征。

下面我将列举 6 个特征，并不是导师必须每个特征都兼备，但它们可以作为你选择导师的参考。

①生活幸福

选择理想导师最重要的一个要素，就是导师本人是否生活幸福。

仅仅是待在幸福的人身边就能感受到幸福。即便自己内心不安又失落，只要和幸福的人在一起待 5 分钟，内心也会平静许多。

反之，如果你的导师生活中满是不幸与压力，那你将有极大风险走上同一条路。

选择导师时不要专挑社会意义上的“成功人士”。因为如果不是发自内心地感到幸福，就无法成为优秀的导师。

我之所以将“本人生活幸福”列为优秀导师的条件之一，是因为幸福的人不会对别人的人生进行不必要的干涉。不幸的人或过闲的人则容易打着建议和帮助别人的旗号干涉他人的人生（上了年纪的父母常常对子女的生活指手画脚也是同理）。

因为他们表面上看起来是出于好意，所以其他人可能没有发现他们的所作所为正在妨碍别人的人生。但换个角度来看，他们是在借着帮助别人的名号来获取自身的满足感。

即使靠你一己之力可以胜任的事，他们也会马上插手干涉。到最后这并不是为你好，反而可以说是在削弱你的能力。

生活幸福的导师会给予你信赖。他们不会过多涉足你的人生。

②懂得平衡情绪

社会中的活跃人士多是精力旺盛的人。其中也有一些人情绪起伏剧烈，难以自控。

我有一段时间也跟过这样一位导师，那时常常因为他的大发雷霆而胆战心惊。因为与他相处实在过于痛苦，我最终还是离开了他。

现在想想，离开他真是一个再正确不过的决定了。总是把自己的情绪问题强加于人，就无法作为导师指导他人。

能清晰认识自己情绪的人也能理解他人的情绪问题。

优秀的导师能一眼看穿对方的情绪障碍，不露声色地给对方一个台阶。

导师教给你的平衡情绪的方法，会给你，尤其是人际交往方面带来许多好处。

③以热爱为事业并取得成功

“宁吃少年苦，不受老来穷。”

“只要功夫深，铁杵磨成针。”

用类似的说法教诲别人的成功者，都是生活中做着自己讨厌的工作的人。

做着自己热爱之事的成功者是不会规劝别人的。因为他们深知每个人都拥有自己的特质。

他们从年轻时开始就在认真地迎合着自我而生。只是在某处经历了刻苦的修行后，才具备了与社会兼容的处世之道。

也就是说，他们懂得人心的微妙之处，对社会的组成、资金的走向以及商务工作都有一套自己独特的哲学体系。

④从人生的失败中吸取经验

历经多次失败并且还未达到完人的境界，也是好导师的条件之一。

人生中一次失败都没经历过的人无法理解别人的痛苦。在失败中充分吸取教训的人才能称之为优秀的导师。

成功人士中还有一种类型的人是即使失败也觉得“这不算失败”，只顾一心向前赶。像这样的超级乐天派，你问他建议，他也只会鼓励你“加油！车到山前必有路！”

人生中会发生各种各样的事，或许偶尔也会出现完全出乎自己意料的结果。那正是获得灵感的大好时机。

有能力领悟失败之深意的导师会给予你新的灵感。

⑤给人感觉既谦虚又普通

我接触过的生活幸福的导师，都过着普通平凡的生活。没有一个人觉得“我的人生太完美了！”

每个人都有自己独特的癖好和问题，绝不是完美之人。

从请教方的立场来看，当然很希望导师的人生是完美无缺的，但世界上根本不存在这样的人。

教你东西的老师不一定非要是完美的。相反的，正因为人都有缺点，才更凸显魅力不是吗？

很多人都只顾寻找完美之人，却没发现导师其实就在自己身边。

人非完人，学会如何与生活和解才是最重要的。导师既是老师，也是伴你同行人生路的益友。

⑥拥有良好的人际关系、两性关系

“想知道一个人真正的价值，就要去问他的伴侣或身边的人。他们要是赞不绝口，那就说明这个人是真的优秀。”这句话是我在美国时从别人那里听说的。

有不少人虽然获得了社会意义上的成功，但既没有密友，也不被伴侣尊重。最亲近的人最懂得你的价值。

分辨好导师的方法很简单，就看他和伴侣关系好不好。想法积极的人，即便其伴侣想法较为消极，也能和伴侣保持良好关系，说明这个人有平衡事物正负两面的能力。

再重复一遍，导师并不一定要兼具在此列举的这 6 点。把这几点当作选择导师时的着眼点就好。

助你找到理想导师的 6 个步骤

终于说到寻找理想导师的具体步骤了。

这里的关键点在于不要太过努力而用力过猛，致使徒劳而终。不要过于摆架子，抱着享受过程的心态去应对就好。

①明确“自己想过什么样的人生”

与过去相比，生活在现代的我们多了许多人生选项。有商务人士、学校老师、艺术家、手艺人等各式各样的工作可供选择。生活地也不仅限于日本，可以移居到世界上任何地方。

这是非常了不起的。试想世界上只有百分之几的人才能享受这种自由，不禁感叹自己是多么的幸运。

但大多数的人即使生活在如此自由的环境中，也还是不曾考虑自己适合什么样的生活方式?

没有这样的想法就无法寻找导师。

因为你是想徜徉在艺术的海洋里，还是想沉浸在面包屋的香气中，要寻找的导师是不同的。

想自己经营公司时也是一样。你是想把自己的公司做大做强并在将来实现上市，还是开到差不多的规模还能自由支配时间的程度，是两种完全不同的生活方式，要寻找的导师也是不同的。

若是明确了自己向往的生活方式和领域，就请连带着细节描绘出自己理想的人生。

重点是要在日常生活中不断用这张理想的蓝图来提醒自己。

本书的主题是“热爱之事”和“自己真正想做的事”，对此并不明确的人,绘制理想生活的蓝图可能需要花费很多时间。

但即便要花时间，也请找到自己真正想做和真正喜欢的事。

②认清当前所在地

要从一个地点移动到另一个地点就必须要明确当前所在地和目的地。

从情感层面来看，弄清自己当前的所在地并非易事。因为对普通人来说，当下与理想相距甚远，所以很难直面当下。

但要是不知当前身处何处就贸然向目的地出发，就会在中途迷失方向，最终因陷入绝望而选择放弃。

当前所在地证明了你一直以来的生活，是你兜兜转转后到达的地方。可以说最初的挑战就在于你能否做到不要无视并正确看待当下的正面与负面。

③将导师具象化

将自己的理想人生具象化，自己向往的人与生活方式就会自然清晰起来。

尽可能具体、详细地了解理想的人生是第3步。

打比方说，如果你想在经济领域取得成功，就要明确具体想成为怎样的人。是想拥有大企业，还是觉得小公司为佳？地点是想选在城市，还是环境宜人的地方？诸如此类的目标都要具体化。

然后再选择接近自己理想生活状态的人作为导师。

④正确了解自己需要学什么

清楚自己想做什么，明白自己想要什么样的人生，下一步就应该认清自己应该学什么了。

这也需要你尽可能弄清楚自己现在最需要的东西。如果只是出于暂且先上了大学再说，或者先把英语学了再说这样的动机，是无法享受学习本身的。

想要过上自己理想的生活，需要怎样的知识与智慧？需要跟谁学习？这些都要尽量弄清楚。

⑤考虑自己该如何报答导师

若是有心向导师请教，很重要的一点是要事先想好自己能如何报答导师。

我这么说，可能你会觉得导师会要求你做出回报，但其实导师并未想过从你这里得到什么。我提起这一点是因为我认为你想要报答导师的心情一定会被导师看在眼里记在心里。

怀着这样的心情去请教，是对授予你知识的导师应有的礼仪，也会加强你们之间的信任关系。通过表达感激来加深老师与弟子之间的情谊。

⑥不停地采取行动

只想不做的人远比你想象的多。

从现在能做的事着手就行。就像之前提到的，读书也是一样。一开始最需要的就是一点星星之火。常常有星星之火变为燎原之势，贯穿整个人生的事。

导师传授的 6 个内容

是否明确自己要从导师那里学习什么，对学习效率有着极大的影响。

导师传授于你的内容大致有 6 个方面。

①处世之道

这是人如何生存的基础。将其称之为美学或哲学也不为过吧。

人生意义何在，使命为何？两性关系如何认知？社会的起源，命运的含义是什么？对于这些颇具哲学意味的问题，优秀的导师都能给予明确的回答。

在与导师探讨答疑的过程中，你会逐渐加深对人生的理解，形成固定的人生观。

因此，常抱有“十万个问什么”的心态是相当重要的。

越是优秀的导师，越不会事必躬亲手把手地去教，而是会给出提示让弟子自己动脑。这样一来，就提高了弟子的思维能力。

②积极而丰富的情感

迄今为止，通过和各种各样的人打交道，我发现普通人和有幸成功的人差别非常大。

差别就是看到一件事物时产生的情感。

有幸成功的人，看待和感受事物的方式截然不同。他们会从另一个角度观察并判断事物。

假设我们手误发给顾客一张少了一位数的收据，要是普通人的话，会觉得自己犯了大错，捶胸顿足，懊恼不已。但要是有幸成功的人，会在第一时间冷静下来，想到“啊，太好了，还好不是多了一位数”。

之后他们会再考虑最佳对策。主动去想是向顾客打电话道歉，还是当面道歉。

失败会拉近人与人的距离。因为出于重视对方才会考虑周全，也正是因为如此才能自由地采取行动。

因为他们在与对方交流时也常常会动用想象力，所以他们渐渐拥有了遇事便能瞬间理解的敏锐感性。

学会这种感性是非常关键的要素。

③与人相处的方式

幸运的成功者无一例外都是社交达人。因为他们与别人保持着良好的关系，所以实现了幸福且优越的生活。

他们周身围绕着优秀的家人、相宜的友人、工作合拍的搭档、充满感激的客人。身边的人又会带给他们更多的机会。

那么他们是如何构筑起那样充满信赖的人际关系的呢？若是能从他们身上学到这一点，你的人生也一定会变得幸福多彩。

从导师的行动和思维方式中感悟珍视他人、重视信任等的方法，从中汲取营养助力自己成长。

④接收并实现人生理想的方法

优秀的导师都拥有坚定的理想。他们比普通人更明确自己想过什么样的人生。

他们还有一个理想，就是想要最大限度地发挥出自己的才能，为社会做出贡献。

不只是商业，恋爱观及人生观也需要设立一个理想的状态。因为仅仅是感觉有趣，是没法取得长远发展的。

等你拥有自己独特的理想后，再从导师那里学习如何实现理想。

⑤与毕生事业相关的技能

有幸取得成功的人，在自己选择的毕生事业领域中都是个顶个的佼佼者。对你的成功来说，最需要的就是逐一去吸收与这一事业相关的技能知识。

从最基本的发名片的方式，到交涉话术、工作步骤以及人脉构建等等，所有技能都是你需要掌握的。

⑥日常行为

通过行动等级了解自己平日生活中该做些什么好。

比如我的一位导师，包中常备明信片。

在等汽车或电车的短短几分钟时间，他总会专注于写致谢的明信片。如果有空闲，就算没有什么事也会给朋友打电话。我觉得他的人际关系的就是这样加固的。

你若是能从他们日常生活中不经意的举动里学到些什么并加以利用，一定会对你起到积极作用。

电话聊天的内容、开口商谈工作的方法，如果能将他们身上可做参考的行为全都学习掌握，你也一定能对工作得心应手，成为行业佼佼者。

但也有人只在意这一点而对另外①～⑤点敷衍了事。要想把喜欢的事当终生事业，这 6 点都是不能忘记的。

升级导师的必要性

有的人怎么也遇不到自己的导师。听了这些人的描述后，发现是他们理想过高，想象出的那个人过于伟大，全世界也找不出那样的人。

寻找导师就像寻找伴侣，如果过于理想化，反而谁也遇不到。

因此，应该切合实际，从身边的人中寻找。一开始的导师即便没有那么厉害也没关系。

不管师从何人，总会有毕业的那一天。导师当然不会终生相伴你左右，大部分情况都是维持一段时间密切的师生关系后，慢慢稳定沉淀下来。

知道在哪个阶段升级导师是非常重要的。忘恩负义当然不好，但一直顺从导师也是不可取的。

以野口英世为例，他的导师也是一路升级上来的。从学生时代的血胁守之助，到北里柴三郎，再到美国的大学教授。

我们必须拥有像他这样的悟性，在自己的成长过程中不断寻找最好的人做老师。

意念导师

说起导师，一般会觉得是指“现在在世的人”，但其实并非如此。

像我就常常会在脑海中召开导师会议。

把你最喜爱的历史人物或艺术家等作为你的导师就好。

以我来举例，我会假想我的导师是各种人物。如果从日本人中选，我会想象坂本龙马和胜海舟是我的导师。如果是外国人，我会选择约翰·列侬、甘地、马丁·路德·金、诸葛孔明、亚瑟王等等。

他们会发自内心地支持和理解我真正想做的事。灰心气馁时，他们会鼓励我；骄傲自满时，他们会纠正我。

对意念导师解释自己想做的事，花多少时间都可以。这跟与现实中的导师交流有所不同。

假想的导师有充足的时间，所以你可以娓娓道来。

当我困惑迷茫做不了决定时，一定会征询他们的意见。虽然是想象的世界，但也能从他们那里得到极佳的建议。

你可以先以游戏的心态试试看。就像小时候玩的角色扮演游戏一样有趣。当你投入大量的精力，效果就会显现。

我想为我的每一位导师都总结一本关于他们的书。这对于幸福生活来说也是极其重要的。

拜师固然重要，但你成为导师的过程也是十分重要的。

我也成了很多人的导师，为他们的幸福做出了贡献。现在虽然不再单独授课了，但今后我也想通过演讲及小组授课的方式，尽可能发挥作为一个导师的作用。

请你也一定去成为某个人的导师吧。

Chapter 6

第六章 如何兼顾金钱与喜欢的事？

是否要跨越兴趣的范畴

读到这里，你可能会想要“再花更多时间在喜欢的事上”。这就是你人生的转折点。

很多人都想试着开始做自己喜欢的事，“重新拾起吉他”“再度翻开曾经的集邮册”或是“接着挑战登山”。想依靠重拾爱好而找回自己的期待感。

但是……之后就不了了之了。

我也曾尝试去做那些让自己开心的事，比如去游泳或者看演唱会，只要能想到的我都做了个遍。

把那些活动当作兴趣固然有趣，却无法带来内心的悸动与稳定的收入。当热情冷却，很快又会回复原来的样子。

我也曾试着去文化学校学习，收到专科学校的宣传册时也想过去试试看，但都仅限于兴趣的范畴，没能发展起来。最终，大多数人从沉睡的梦中醒来，继续回到了先前的工作岗位。

话虽这样说，但如果你真的想要把喜欢的事发展成事业并以此为生的话，就需要从另一个角度来看问题。

做喜欢的事却赚不到钱的人，有什么特征

在说明“如何把热爱与财富两手抓”之前，我们先来看个反例吧。

来看看为什么“做着自己热爱的事却赚不到钱”。

那些已经在做自己喜欢的事，却没有成果，为钱所困的人，能从这个例子中明白个中道理。

①不擅长接受

做着自己喜欢的事却赚不到钱的人都有一个特征，概括来说就是“不擅长接受”。明明有人愿意花钱购买他们的成果，这类人却会回应说：“还需要付什么钱呀？”你对这种人有印象吗？

机会好不容易到了他们身边，却说着“我就算了”而没有接受。这种类型的人自我意象过差，因而不善把握机遇。

“接受与给予是相互的”，这一循环关系会给你带来颇为丰厚的报酬，若是能意识到这一点，一路走下来，你的经济实力会得到令你意想不到的发展。

②自命不凡

这种类型的人只要自己觉得某件事或某个物品好，眼里就看不到其他事物了。

一根筋地认定“就是这个口味”“就是这首歌的感觉”“大

家一定想要这样的服务”，就很难看到其他的可能性。

这类人不理解毕生事业其实往往有两个走向。在有人接受你所热爱的事之后才能构成一个连锁循环。

然而，这种类型的人认为倾听客人或市场的声音是一种妥协。而且他们坚信总有一天“全世界都会知道我的厉害”。这种情况最后能不能解决都得看他们是否可以直面这一幻想。

③无法做好汇报

无法推广自己的产品和服务的人也赚不到钱。

有的人明明工作质量很高，却连自己在干什么都无法向外界传达。

所有的事都是如此，做不好宣传就没法发展。客人压根不知道你的店铺或服务，又怎么会上门消费呢?

你应该去练习练习如何在 1 分钟之内介绍自己的工作内

容，多花点心思在主页或名片设计上。

④定价失败

定价过低也不能实现经济富裕。

赚不到钱的人大多数都是因为错误定价。大都误以为“没有客人都是因为价格太高”，所以调低了价格，然而这却有可能产生反作用。

价格高不是问题，问题在于如何利用“你强大的精神世界”吸引那些认为你定价过高的客人。

如果有人对你提供的商品或服务感到惊喜不已，说这是他们一直以来所寻找的，那他们就是你要吸引的那批客人。这样的人不会太在乎昂贵的价格。

⑤缺乏自己的卖点

不明确“这就是我的卖点！”的人，赚不到钱。

如果是随处可见的洗衣店或者拉面馆等等，吸引到的也只是普通的客人。

如果你从事的是税务师、教练员、心理咨询专家或者设计师等服务类工作，那你就很有可能被拿来和同一行业的其他人做比较。

当人们打算找税务师、设计师或者教练的时候，大多会从多位候选人中选出。那种时候客人可能不会直接询问，而是凭借“这个人好在哪？”的感觉去选择。如果不能简短地概括出来你的好，那就说明你只是普通水平。这样的店铺或个人，很难赚到其行业平均水平以上的收入。

⑥不会揽客（销售）

好不容易开了店或者开始个体经营，却不擅长销售或揽客，那钱也是不好赚的。

不会揽客的人分好几类。有人对收钱有抗拒，也有人不善于宣传自己。有人不想强行推销，也有人讨厌办砸事情。

不管哪一种，若是没有客如云来，就无法日进斗金。个体经营收获成功的人都是知道轻重缓急的人。就单说想要与人相约面谈这件事，有第二天就能见到的人，也有至少要等半年才能见到的人，根据等待的时长，价值都是不等的。

如果你也想要得到财神的眷顾，就要考虑这个战线到底要拉多长。

⑦没有自信

如果你明明做着自己喜欢的事，却觉得怎么也赚不到钱，那也许是因为你缺乏自信。若是没有自信，就无法倾力推荐或设定高价。这也是对自己提供的商品和服务缺乏自信的表现。

你在选择牙医、外科医生、护士、税务师等的时候，自然会考虑他的经验，但也会看他的状态。如果那个人看起来战战兢兢、很不可靠的话，就会觉得果然这个人还是不行。

虽然健全的自信是必不可少的，但过度的自信反而会带来反作用。如果到了傲慢的程度，反而会令顾客敬而远之。

把才能变为财富的 7 个阶段

在这个世界上，既做着自己喜欢的事又能实现经济富裕的人虽然少，但确实存在。

我注意到了他们的存在，并对他们进行了 20 多年的观察和研究。在这一过程中我发现了他们的通用法则，这着实令我激动不已。与此同时，我也尝试着把这一法则套用在自己的人生上。

当然，这一过程不会那么简单，我印象中它的难度已经远远超过了我最初的预期。

因为一旦起动，之后的发展就会自动推进。这种直观感受虽然很难传达，但只要经历过的人就会懂。

下面就来介绍一下他们都是经历了哪些阶段才成功的。

①发现才能的阶段

就是隐隐约约知道自己想做什么的阶段。

这种时候人还不知道自己的才能是什么。大多数情况都是不由得感觉自己应该朝着这个方向发展。

因此，就算不是醍醐灌顶般顿悟到“这就是我的才能”，也能选择出发。一定要记住这一点。

现在已经成功的人，大多数都说自己一开始对方向也是懵懵懂懂的状态。关键是要拿出“总之要先做再说”的心态。

②开发才能的阶段

这一阶段是着重培养自身才能雏形的阶段。

大部分人都会在这个阶段亲手掐掉自己才能的嫩芽。

心里想着“反正靠这个也没法生活……”还没尝试就选

择了放弃。

很少有人在这个阶段选择辞职。尝试在平日工作结束后，或者周末休息时再去做就行。

你可以先免费让朋友感受并评价一下。

③修炼的阶段

就是以自己发现的才能为基础，重新建立人生的阶段。

在这个阶段，你会归属某个团队或师从某位导师。如果这个团队或导师是一流的，那你也会朝着一流的水平发展。

如果不是，收获的成果也会相应减少。可见选择在何处修行也是颇为重要的。

④独立的阶段

到了这一阶段，你终于要开始凭借自己的能力立足了。

团队中活跃的人会开始以个人身份从事工作。当他们独立门户后就会在这个阶段跳出团队。

也有人可能要辛苦很多年才能实现。

⑤发挥自主性的阶段

到了这个阶段，你就该自立自强，致力于确立自身地位。

若是开着拉面馆，就要在这个阶段调制出特有的汤汁或者提供别具一格的服务方式。能不能通过这一关决定了你能不能成为专业人士。

⑥创造品牌并活跃于市场的阶段

在这个阶段，你会开始受到业界的关注。

如果开着店，那么你的店就会成为有人排队，被电视或杂志竞相报道的名店。如果是会计师事务所或者设计事务所这样严肃的工作场合，委托人会纷至沓来。如果是占卜师，那预约甚至会排到一年之后。

⑦站在行业顶端，成为领头人

创造了自己的品牌并活跃了几年甚至十几年，你也会成为业界首屈一指的人。成为业界赫赫有名的翘楚十年左右，就承担起了这个行业的责任。

你开始成为业内团体的理事，负责让整个行业欣欣向荣。自己的工作也在不断升级，开始倾注心血创造一个独有且唯一的世界并让它发展壮大。

大致地说完了这些阶段，你脑海中有没有涌现出什么想法呢?

今后你想把工作做到哪个阶段呢?

不用为生活发愁也能体验到将毕生事业做到极致的乐趣。而且每一天都能被充实感填满。

决定你想要过的人生

靠热爱之事获得成功的人大多都曾在某处进修过。

比如说一流的厨师，年轻时一定在名店深造学习了多年。

同样，为了提高自己的水平，就必须要在某处打磨自己的技术。不论是做菜、谈生意还是搞政治都是如此。

在三流水平的地方学习，你也只能达到三流的水平。

只经过短期的学习就开拉面馆的人，不管过去多少年都只能做出难吃的拉面。即使没有客人光顾，他们也不会觉得是面的味道有问题，而且因为没有人教，所以也不会突然就能做出美味的拉面了。

他们不花时间研究料理，反而想着怎样偷工减料，削减成本。因为这种人没有发生问题后改变和提升自己的意识。

在一流饭店进修的人，每天都在专心致力于如何提高自己的料理水平。每晚饭店打烊后也在研究新菜品。为了学习，即使是休息日也会流连于各个名店。

你将来从事哪个等级的工作就是由你的进修地决定的。

因此学习毕生事业所需技能的地点就显得尤为重要了。

在要求严格的地方进修，可能在工作时会有种杀气腾腾的感觉。如果在氛围祥和的职场学习，虽然轻松愉快，却很有可能意识不到工作的严峻。

你在进修地掌握的技术好坏，决定了你今后毕生事业的质量。

比如，如果一个人在京都名店进修了 10 年，那么他已经掌握了所有基础。包括材料的选择、调制的方法、打扫、待客或者宣传店铺的方法等等，若是写进手册，恐怕已经有几千条内容了。

如果只是在一个差不多的店里学习，几乎学不到什么重要的东西。不管是采购、制作还是调味、待客，都是随随便便的。

学成之后开的店也只能是这样的。

如果想把喜欢的事当饭吃，你就必须决定好自己生活在哪个层次，是一流、二流还是三流？

三流的人是做工作不动脑的人。经营着普通的拉面馆、洗衣店、会计师事务所、设计事务所，挣到的钱只够维持正常的生活。来往的顾客也都是极其普通的人。

二流的人是相当努力的人。虽然尝试着改善自己的工作，但却越干越不认真。

一流的人有着怎么也填不满的探索心。他们并不是一心想着要成为一流，而是抑制不住热情，想要在业内将才能发挥到极致。

如果是厨师，就开发新的做菜方法；如果是医生，就要研究出划时代的新手术方法；如果是法律专家，就要开创新的判例；如果是政治家，就要制作出新的法案；如果是科研人员，就要找出世界级的发现。

他们被好奇心和使命感驱动着，不是为了成名，而是想看看自己能在这个行业做到哪种程度。

他们的心态都是为了帮助患者、支援被法律忽略的人或者做出令人惊叹的料理。

三流的人往往不做什么努力，二流的人为了生活而奋斗，一流的人会为了他人而保持昂扬的斗志。

绕的路越远，完成毕生事业的可能性越高

有的人想做自己最喜欢的事，就会立刻去做。

但贸然开始的工作往往进行得不顺利。那是因为太缺乏经验。有很多例子都说明了稍微绕绕远路可以更好地完成工作。

譬如说，如果你想成为作家，比起一毕业就当作家，在经历过就职、旅行之后再当作家会更容易成功。

比如可以通过在报社或周刊杂志编辑部工作打下取材和写作的基础，掌握成为作家的技巧。

如果在普通公司就职，体验了经营、企划及广告等商务工作和人际交往的错综复杂，那么在写作时就不会受素材所困。一些获奖的学生作家，在获奖后就再也没有写出好作品直至最后销声匿迹，都可以说是因为人生经历累积太少。

绕远路有很多种作用。

比如在这一过程中与人相识。如果能很好地运用人与人之间的缘分，在你今后从事毕生事业时，会得到很大帮助。

在之前的工作中学习到的技术与诀窍也能对你产生帮助。

假设你先做了推销人寿保险的工作，之后又去开服装店了。那么你就会注意到原来在推销保险时不情愿做的事，却对开店很有帮助。

类似给客户发送直邮广告，或是自然大方地给客户打电话等等，有帮助的事太多了。推销保险时无意中书写业务通讯的经验，也会帮助你在开店时推出业务通讯。

就算找到了热爱之事，你也不用立刻投身于此，把当下的工作做完后再开始也不迟。

绕远路也是出于经济上的考虑，这样你就可以在过程中习得技巧和重新认识事物的办法。即便当时你觉得某件事毫无意义，但之后也一定会有用得到的地方。

听说苹果创始人乔布斯当时从大学退学后，因为太闲去参加了一个英语文字设计的讲座。后来他在做开发时，那段经历让他对电脑字体的美观颇为讲究。当时业内都觉得字只要能读就行，从未有过输出美观字体的想法。这也成了苹果电脑拥有狂热粉丝的契机。

在绕远路的途中掌握的技巧和视角，会成为你的积蓄。

当你在提升自己独有的毕生事业时，这些累积会让你独一无二，充满魅力。

做喜欢的事，财富会随之而来吗?

美国作家玛莎·欣塔写的《做自己喜欢的事，财富自然会来到》（*Do what you love, the money will follow*）是我最喜欢的书之一。这本书中写满了各种各样的技巧。

我知道有很多读者被这本书吸引的原因是做自己热爱的事，财富就会跟着来这一概念。

可能很多人觉得自己明明做着喜欢的事，但不管回头看多少次都是“奇怪，钱怎么还没跟上来”的状态。

那么实际上做自己喜欢的事钱到底会不会跟着来呢?

很遗憾，现实就是钱不会立刻就跟上去。当然其中也有幸运儿，但大多数人都是这种情况。

这是为什么呢?

因为你还没有做好收钱的计划和准备。

不管自己花多少精力在喜欢的事上，若是没有周围人的支持和口口相传的口碑，那就很难赚到钱。

靠做热爱之事获得财富的必需品

①建立应援体系

拥有一个支持自己所作所为的体系是很重要的。

普通人所拥有的支持者人数，恐怕只有几个人，最多也就是十来人左右。

但若想要独立门户并获得成功，至少也需要100人左右的应援团。他们会在博客上为你宣传或在现实中介绍客人来光顾。

②品牌推广

你需要为自己所做的事打响名号。

虽然这么说，但就算做不到上电视、打广告而享誉全国也没关系。只要做到在你所在城市和地区被人熟知的程度就够了。

就好比如果是洗衣店，能做到因为去污能力强而出名就可以了。

做喜欢的事而变成有钱人的机制

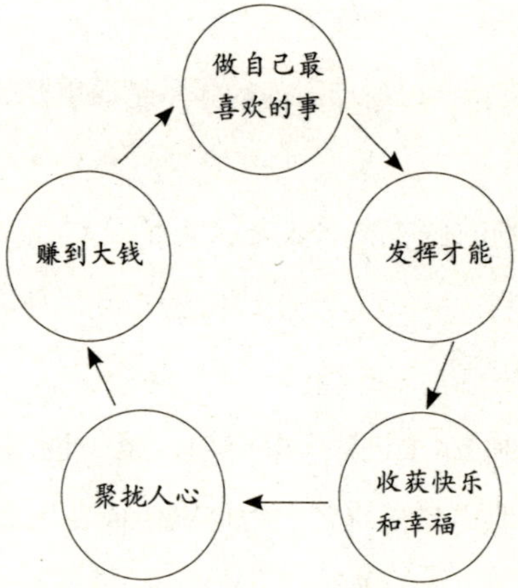

③市场运营

和品牌推广一样，市场营销的知识也很重要。

如果别人不知道你做的事，就不会上门消费。

为了宣传自己的服务，就有必要开展市场营销的活动。现在，脸书、推特、博客等几乎都是可以免费使用的工具，拜它们所赐，营销也变得容易了很多。

但若是找不到一个有趣的切口去宣传自己，就会被淹没在浩瀚人海。以前网络主页还不多见，那时就有人创立了自己的主页，相信他们还记得当时的兴奋感，有如自己已经驰名世界。

但是，实际上即使创建了主页，如果没有人来浏览也没用。就像电话黄页中虽然记载着自己的电话号码，但偶尔来个信息也不过是恶作剧短信。

要是不能明确地意识到自己的卖点，就无法将自己“广而告之”。

动机形成过程与灵感

在商务或教育的环境中，人们往往会认为动机是很重要的一部分，然而动机究竟是不是必需的呢？

我觉得动机形成过程中总有勉强的成分在里面。

我认为如果一件事对你来说还需要在动机上进行心理建设，那还是不要做为好。因为那并不是你真正想做的，只是在勉强自己而已。

就算一时动机增强，也会像上发条一样，一段时间之后干劲就会消磨殆尽。那是因为这样的动机来源于外部的刺激。

灵感则来自于更深层处。

那是人心最深处涌现的东西。灵感不靠外部的刺激，它就像内部喷涌而出的泉水般，永不枯竭。

以热爱为工作会获得的 5 个回报

以热爱之事为生的人会获得丰厚的回报。一般来说，人们在工作时都会侧重考虑薪水和假期有多少之类的待遇方面问题，但如果做着非同寻常的工作，在此之上还会获得更多回报。

接下来就来看看以热爱之事为工作的人都会获得怎样的回报吧。

①喜悦的心情

首先以最喜欢的事为工作时，最先感受到的喜悦就是“做这件事很快乐”。

不管是“做菜”“唱歌”还是“写文章”都令你期待不已。

以赚钱为目的工作的人可能无法想象这种期待感。做着无聊的工作简直度日如年。因为工作的时间在一天中的占比是最大的。

②人与人的关联

如果能在工作中感受到人与人之间的羁绊，会令人产生幸福感。

人们选择辞职最重要的一个理由就是人际关系。反过来说，只要人际关系相处得好，就算对薪金和工作内容多少有些不满，也不会轻易提出离职。

如果你能打心底享受工作中的人际关系，就几乎不会产生压力。虽然可能会为提高人际交往质量而费点心力，但也不会产生厌烦的情绪。

不管在哪个时代都会成功的秘诀

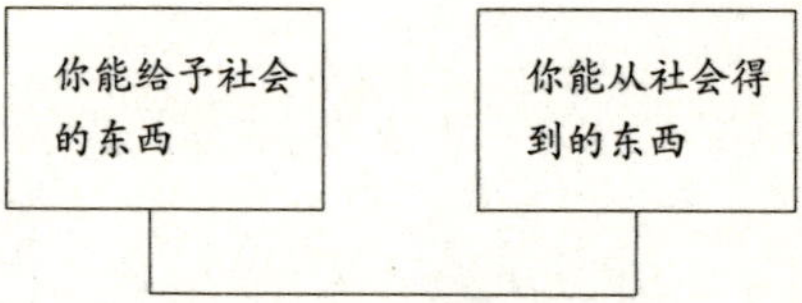

只要把你最好的东西提供给社会就好

③提升技术的快乐

工作带来的喜悦之一，就是自己做得越来越好了。

“面包烤得更好吃了”“展示资料编写得更精妙了”“在人前发言更流畅了”等等。

不管多么微小的一件事，哪怕只有自己知道，只要你把它练到得心应手，也会令你欣喜若狂。收着别人的钱却让自己越变越好，简直令人有些不好意思了呢。

④帮助别人的喜悦

不仅限于工作，人生中最令我们高兴的难道不是“让别人开心的时刻”吗?

收到别人的感谢时，会感受到难以言表的幸福感。这不就是工作中最珍贵的一项回报吗?

⑤经济回报

我把经济回报放到最后说是有理由的。因为这是之前列举的各种喜悦带来的附赠品。

等你回过神来，才发现在收到感谢的同时也收到了酬劳，这就是工作与幸福的关联方式。

这种感觉就是你先有诚心诚意接待客人的意识，而后客人自然会付钱给你。有的人只要收到酬劳，之后不管怎样都无所谓，就算能做成一单生意，也绝对不会有回头客。

在以上列举的各种回报中，你收获的有多少呢？

如果你的收获只是金钱的话，那就失去了获得其他回报的机会。难道你不会觉得可惜吗？

总之，快去做喜欢的事吧!

终于要到本书的结尾了。

在此之前我们从各个角度分析了热爱的事，但由于篇幅限制，一本书能传达的内容还是有限的。今后我还想出一个系列，通过多本书分享“如何发现自己的才能”“天才性”以及“用才能置换金钱的方法”。大家若能把这本书作为这一系列的总论来看待，那是我的荣幸。

现在的你应该已经开始思考许多事了。可能有的人开始思考“我究竟喜欢什么？”也有人会觉得“还是把最喜欢的事当成兴趣吧”。或许还有人下定决心“一定要以自己热爱之事为生！”

不管你有哪种想法，请你今后能花更多时间在自己喜欢的事上，哪怕只有一点点。

因为那会让你的人生变得快乐和有趣。

你能在平日里就感受到期待，很多事都会发生改变。平时的心情会变得开朗，也会爱上自然、世界和自己。

从现在开始，试着去做 3 件自己喜欢的事吧。以此为开始，将最喜欢的事一辈子做下去吧。

祝愿你今后的人生会比现在更加精彩。

结束语

谢谢你读到了最后。你能从茫茫书海中选中这本书并且读完，这对身为作者的我来说是无上的光荣。我发自内心地对你表示感谢。

现在，你有什么感受？

是兴奋难耐，还是不由得有些失落？

也许你还会有一种虚无感。

你有没有马上行动的想法？

还是觉得自己不行，认为这都是脱离现实的空话？

你有没有隐约看到了自己真正想做的事。

还是一片混乱，根本不知道该怎么去想，去想什么。

不管你处于哪种状态，你的人生已经开始改变了。你现在接受的信息，已经开始像“幸福病毒”一样在你的内心深处扩散了。虽然现在它的活动还封印在你体内，但总有一天它会以你意想不到的形式蹦出来。

那就是人类最根本的欲求——“想要活出自我！”

还在不久之前，人要豁出命才能换得自由。现在可能体会不到那种感觉了，但不变的是自由的珍贵，即使舍命相求也在所不惜。

如果你也想活出自我，就请考虑一下要从什么时候开始行动。

如果你愿意，那就从当下这个瞬间开始。不需要仿佛按下血手印那样的决心，只是暂时想象一下“自己如果做喜欢的事会是什么样子的？”这个想象会成为第一块倒下的多米诺骨牌。虽然只是一块小小的多米诺，但它造成的连锁反应却会给你的人生带来惊人的变化。

从我尝试过“把喜欢的事当饭吃的人生” 开始已经过去 25 年了。在此期间，最初的 5 年都是尝试摸索的阶段，之后 5 年就基本定下了方向。再接下来的 5 年间我终于弄清了自己是谁，就这样一直到了现在。

虽然没有人能做到马上改变，但是要肯花时间，谁都可以改变。如果现在不做改变，那 5 年后你还是过着同样的人生，不是吗?

人生只分两种生活方式。

做自己喜欢的事以及其他。

这一生随随便便活着也行，为使命而活也行。为了家人牺牲自己也是一种生活方式。

这都是由你决定的。可是如果你连自己有选择权都不知道就太可悲了。

之所以这么说是因为人生可以按你喜欢的方式活。

不管你选择哪种生活方式，我都衷心祝愿你能在启程去往另一个世界时笑着说“啊，能度过这样的一生真是太好了”。

最后再说一遍。

你有自由生活的权利，而且不用顾虑任何人。请去过你认为最棒的人生吧。

在书的最后，送上我最喜欢的约翰·列侬说过的一句话。

“按喜欢的方式生活就好，因为这是你自己的人生”。

2012年12月

本田健

作者介绍

本田健：出生于日本神户。

拥有企业经营顾问、投资家等多重身份，自 29 岁时起就开始了以育儿为主的半退休生活。

在 4 年的育儿生活中，他立志成为一名作家，随即开启了写作生涯。

他在日本全国多次开办以“金钱与幸福”为主题的千人规模演讲会和课程，吸引了世界各地的人们慕名参加。

他主持的网络电台节目“本田健的人生相谈 ~ Dear Ken ~”一直维持超高人气，突破了 4500 万的下载量。

作为高产作家，著有《犹太人大富翁的教导》《20几岁该做的17件事》等书籍共130册以上，累计发行量已突破700万册。

2019年6月由美国出版社西蒙修斯特在英、美、澳三国同时发行了他的第一本英语著作HAPPY MONEY，畅销世界40多个国家地区。

今年7月刚刚发行的日本语版HAPPY MONEY，仅发行两周就加印6次，销售突破了10万本，成为日本最畅销的作家之一。

图书在版编目（CIP）数据

现在，变现你的优势 /（日）本田健著；马江平译 .
-- 北京：北京时代华文书局，2019.12
ISBN 978-7-5699-3297-3

Ⅰ . ①现… Ⅱ . ①本… ②马… Ⅲ . ①成功心理－通
俗读物 Ⅳ . ① B848.4-49

中国版本图书馆 CIP 数据核字 (2019) 第 255914 号

北京市版权著作权合同登记号 字：01-2019-6644
Original Japanese title: DAISUKI NA KOTO WO YATTE IKIYOU!

Original Japanese edition published by Forest Publishing Co., Ltd.
Simplified Chinese translation rights arranged with Forest Publishing Co., Ltd. through The English Agency (Japan) Ltd. and Shanghai To-Asia Culture Co., Ltd.

现在，变现你的优势

XIANZAI, BIANXIAN NI DE YOUSHI

著　　者 | 本田健
出 版 人 | 陈　涛
选题策划 | 薛纪雨
产品经理 | 刘昭远
责任编辑 | 徐敏峰　姜锦赫
装帧设计 | 仙　境
责任印制 | 郝　旺
出版发行 | 北京时代华文书局 http://www.bjsdsj.com.cn
　　北京市东城区安定门外大街 136 号皇城国际大厦 A 座 8 楼
　　邮编：100011　电话：010 - 83670692　64267677
印　　刷 | 唐山富达印务有限公司
　　（如发现印装质量问题，请与印刷厂联系调换）
开　　本 | 880mm×1230mm　1/32
印　　张 | 7
字　　数 | 104 千字
版　　次 | 2020 年 2 月第 1 版
印　　次 | 2020 年 2 月第 1 次印刷
书　　号 | ISBN 978-7-5699-3297-3
定　　价 | 48.00 元